丝路之光

2020 敦煌服饰文化论文集

国家社科基金艺术学重大项目『中华民族服饰文化研究』
国家社科基金艺术学项目『敦煌历代服饰文化研究』

刘元风◎主编

丝路之光

2020敦煌服饰文化论文集

The Light of Silk Road
The Essay Collection of
Dunhuang Costume Culture 2020

中国纺织出版社有限公司

内 容 提 要

本书是敦煌服饰文化研究前沿成果的一次集中展示。学者们研究的视角新颖、资料翔实、论证精辟。其中有关于敦煌与东西方文化交流历史的追根溯源，有关于敦煌壁画摹写传统和风格的探讨总结，有关于敦煌装饰图案发展脉络和继承应用的案例分析，有关于敦煌壁画和出土纺织品颜料和染料的科技鉴定，有关于敦煌服饰艺术研究和再现升华的展览展示，有关于敦煌唐代色彩对邻国日本的影响和呈现……依据论文主题，书中分为上、下两编，上编主要聚焦敦煌与丝绸之路的文化与历史，下编围绕着天然染色工艺的传承创新而展开。

本书适用于服装专业师生学习参考，又可供敦煌服饰文化爱好者阅读典藏。

图书在版编目（CIP）数据

丝路之光：2020敦煌服饰文化论文集 / 刘元风主编. -- 北京：中国纺织出版社有限公司，2020.10
ISBN 978-7-5180-7869-1

Ⅰ. ①丝… Ⅱ. ①刘… Ⅲ. ①敦煌学-服饰文化-文集 Ⅳ. ① TS941.12-53 ② K870.6-53

中国版本图书馆 CIP 数据核字（2020）第 174275 号

责任编辑：孙成成 　特约编辑：籍 博
责任校对：王蕙莹 　责任印制：王艳丽

中国纺织出版社有限公司出版发行
地址：北京市朝阳区百子湾东里 A407 号楼　邮政编码：100124
销售电话：010 — 67004422　传真：010 — 87155801
http://www.c-textilep.com
中国纺织出版社天猫旗舰店
官方微博 http://weibo.com/2119887771
北京华联印刷有限公司印刷　各地新华书店经销
2020 年 10 月第 1 版第 1 次印刷
开本：889×1194　1/16　印张：13
字数：198 千字　定价：198.00 元

前　言

　　敦煌石窟艺术是中华文化深沉的文化源泉和丰厚滋养，是中西文化长期交流融汇的成果，是中国的，更是世界的人类宝贵文化遗产。敦煌保存的壁画和彩塑中所呈现出来的服饰文化风貌，无疑是中华服饰历史的重要组成部分，也是中国中世纪服饰文化的艺术宝库，反映了中国古代人民杰出的艺术才能和生活智慧，构成了一座中华民族服饰文化和装饰艺术的博物馆，为理论研究和艺术设计的工作者们提供了取之不尽、用之不竭的宝贵资源。

　　2018年，由北京服装学院、敦煌研究院、英国王储传统艺术学院和敦煌文化弘扬基金会四家单位合作成立"敦煌服饰文化研究暨创新设计中心"。自中心成立以来，在社会各界的关注和支持下，中心团队成员一直秉承初心，致力于敦煌服饰文化的研究教育、艺术传承、创新设计、大众传播和国际合作交流，通过举办学术论坛、研讨会、学术讲座、工作坊等多种形式，邀请国内外专家学者从不同的专业角度，解读敦煌服饰文化的历史渊源、艺术内涵、学术影响和创新应用，为广大敦煌服饰文化爱好者和校内外师生提供了丰厚的学术滋养。

　　此次推出的《丝路之光：2020敦煌服饰文化论文集》是中心成立一年多以来主办学术活动所邀专家进行讲座或发言的整理文稿，是敦煌服饰文化研究前沿成果的一次集中展示。学者们研究的视角新颖、资料翔实、论证精辟，其中有关于敦煌与东西方文化交流历史的追根溯源，有关于敦煌壁画摹写传统和风格的探讨总结，有关于敦煌装饰图案发展脉络和继承应用的案例分析，有关于敦煌壁画和出土纺织品颜料和染料的科技鉴定，有关于敦煌服饰艺术研究和再现升华的展览展示，有关于敦煌唐代色彩对邻国日本的影响和呈现……依据论文主题，书中分为上、下两编，上编主要聚焦敦煌与丝绸之路的文化与历史，下编围绕着天然染色工艺的传承

创新而展开。相信本书丰富的学术内涵会激发更多学者、师生对传统服饰文化的热爱和热情，为敦煌服饰文化的传承和发展带来更多启发和机遇。

敦煌服饰文化研究是一项艰巨且艰辛的工程，当真正潜下心来去研究敦煌文化艺术的时候，我们会发现它所提供的艺术滋养是无限的。当然，尊重与敬仰是最重要的前提和态度。对于敦煌服饰文化的研究，我们一方面着重于对历代文化遗存的探讨与梳理，另一方面着力于敦煌服饰文化对于当代人们服饰审美需求的向上、向善的引领。这是新时代敦煌服饰文化传承者和创新者的历史使命和责任担当。

相信在前辈学者研究的基础上，通过社会各界的努力，不断开创拓展敦煌服饰文化研究和创新设计的方式和路径，一定会使敦煌服饰文化艺术不断发扬光大。

北京服装学院　教授
敦煌服饰文化研究暨创新设计中心　主任
2020年5月

目录

上编

常沙娜 / Chang Shana

我国著名的艺术设计教育家和艺术设计家、教授、国家有突出贡献的专家。

少年时期，常沙娜在甘肃敦煌随其父——著名画家常书鸿学习、临摹敦煌历代壁画艺术。1948 年赴美国波士顿艺术博物馆美术学院学习。1950 年回国后，先后在清华大学营建系、中央美术学院实用美术系任教。1956 年后，历任中央工艺美术学院（清华大学美术学院前身）讲师、副教授、染织美术系副主任、副院长、院长。此外她还曾任全国人大常委、中国美术家协会副主席、中国国际文化交流中心理事等多项职务。

常沙娜是国内外知名的敦煌艺术和艺术设计研究专家，同时又是当代富有开拓精神的工艺美术教育家。从 20 世纪 50 年代开始，她先后参加了中国共产主义青年团团徽设计和首都"十大建筑"的人民大会堂宴会厅、民族文化宫、首都剧场、中国大饭店等重点工程的建筑装饰设计，并参与了首都国庆三十五周年庆典活动的总体设计和组织工作。1997 年香港回归，她主持并参加设计了中华人民共和国人民政府赠香港特区政府的纪念物"永远盛开的紫荆花"雕塑。1993 年，常沙娜部分"敦煌艺术作品展"在法国巴黎举办，2001 年，"常沙娜艺术作品展"在中国美术馆举办。先后出版了《中国敦煌历代服饰图案》《中国敦煌历代装饰图案》《花卉集》《常沙娜文集》《黄沙与蓝天》等著作。

中国敦煌历代装饰图案的继承和创新

常沙娜

引言

汉武帝时，为安定西疆门户，开辟了河西走廊，即从兰州往西一千多公里的地区，经武威、张掖、酒泉、安西至敦煌，并设置了敦煌、酒泉、张掖、武威四郡和二关：阳关、玉门关，成为中原地区通往天山南北及西域必经的要道。敦煌因此成为中国与西域各国交往的重镇，在外交上做出了重要的贡献。敦煌莫高窟现存唐代碑刻《李君莫高窟修佛龛碑》记载："莫高窟者，厥初秦建元二年（366年），有沙门乐僔，戒行清虚，执心恬静。尝仗锡林野，行至此山，忽见金光，状有千佛，遂架空凿岩，造窟一龛……"从碑文内容可确定敦煌莫高窟开创于366年。现在崖面上密布着不同时期的窟龛，全长2公里。经过正式的编号，有壁画和彩塑的石窟编号492个，数据不是很准确，还在补充。有的石窟里面没有壁画，但是也有历史的研究价值。石窟里面的壁画有45000多平方米，彩塑2400多身，还有唐宋木结构建筑5座。时间从366年一共延续了10个朝代，十六国、北魏、西魏、隋唐，唐代时间最长，共288年，因此唐代洞窟较多，一共276个，分为初唐、中唐、盛唐、晚唐，还有五代、北宋、西夏（西夏时间很短，现存只有17个洞窟）。元代也有，只有9个洞窟，后来就衰落了。十个朝代的石窟，壁画、彩塑艺术等佛教的艺术集中在一起，在全世界都是很难得的。因此，敦煌莫高窟不仅是一座辉煌的佛教艺术宝库，更是一座集壁画、彩塑、建筑、装饰为一体的，内容与形式极为丰富的中国传统文化艺术博物馆。

装饰图案在敦煌石窟艺术中是不可缺少的重要组成部分，历代的装饰图案有机而协调地丰富了壁画和彩塑的内容与形式，通过装饰的手法把各时代的洞窟装点得更为精彩完美，再现了历代建筑、景观、植物花卉、织物服装等的装饰及工艺技术的发展和不同风格形成的变化，也反映了通过丝绸之路，中西文化相互影响及融合的发展关系。

中国敦煌历代装饰图案的继承与应用创新

　　2018年在刘元风老师的带领下，北京服装学院成立了敦煌服饰文化研究暨创新设计中心，请我参加开幕式，当时还请了我们的赵声良老师，当年他是敦煌研究院副院长，那是我第一次见到他。我特别高兴敦煌文脉还在传承，也需要继续传承下去。习主席2019年到敦煌，第一站就到了莫高窟，说明传统的东西要继承、爱护，这是我们的文脉。但是时代在变化，国家在发展前进，要怎么把传统的东西运用到我们现代生活中？文化自信要延续下去，就要跟现代结合。

　　1951年时周总理提出来一个很重要的观念，他说："我们现在是抗美援朝时期，要进行爱国主义的教育。"好多人不理解什么叫爱国主义教育，他跟我老父亲常书鸿说："你们要把对敦煌进行临摹、保护了十多年的作品全部拿到北京来进行爱国主义教育。"（图1）你看我们的周总理真了不起，在那个年代，他把爱国主义教育跟敦煌的艺术——丝绸之路明珠的作品拿到北京来展示，影响一代一代人，让年轻的一代了解到我们丝绸之路的明珠就在甘肃敦煌莫高窟，那是具有1600多年历史的石窟。北京那时候没有展览馆，也没有博物馆，最后所有的作品就展示在天安门的午门城楼上。梁思成和林徽因先生知道后高兴得不得了，激动得不得了，他们一直想去敦煌，但没有时间，身体也不好，所以展览开始了以后，我父亲让我陪同他们一起看。那个年代，这些身体抱恙的知识分子、专家，为了看这个展览不辞辛苦。

图1 《燃灯菩萨（初唐）》
（1947年），常沙娜临摹

我那时候刚从美国回来。你们在座的现在都在攻读博士、硕士，这个很重要，但是实事求是地说，我这一辈子是没有学历的。我怎么去的美国呢？这也是很有缘分的事情。那个时候有位加拿大做印染设计的犹太女士叫叶丽华，在兰州看了我父亲和我的临摹作品展览后，就来找我父亲，说她在山丹培黎学校已经签订了三年的教学合约，三年以后要回到美国，她女儿在美国波士顿，能不能也带我去？我爸爸说我刚15岁，还小，以后再说。三年以后她就到敦煌来了，她说能不能确定一下她做我的监护人，我的费用由她来出（图2）。但我爸爸有点犹豫，问我，我说我不懂美国，我就知道法国，后来还是去了美国波士顿艺术博物馆的美术学院，我有机会在这个学校用两年时间学习他们的传统正规艺术的一些基本功，此外除了甘肃敦煌、中国的五千年的历史以外，我还知道了埃及以及世界各地的东西，所以我的眼界又开放了。但是我在那里学了两年就抗美援朝了，美国人开始歧视所有留美的留学生，当时的留学生见面第一句就是："你什么时候回国？"所以当时大家真的回来了，我怎么办呢？叶丽华女士鼓励我说："你还要继续把四年都学完，这样可以跟你父亲交代。"我不同意，于是半工半读给别人做陶瓷品，赚了300美元，买了船票回来了。回来赶上我父亲把敦煌莫高窟的临摹品全部运到北京的午门城楼上展示，我就帮忙筹划。

所以我的经历很有意思，也很有意义，有苦有乐有悲，但是我最幸运的是认识了林徽因先生。当时我在梁思成先生和林徽因先生的指导下工作（图3），我在清华大学那时候的学院叫营建系（图4），为什么叫营建系呢？因为营建包括建筑、美术、设计。是林徽因先生首次提出来要重视北京的特色，而北京工艺美术的特色是景泰蓝。她对我说："你从美国刚回来，把在敦煌形成的基本功与北京的御用工艺景泰蓝结合起来，运用到现代的台灯、头巾等产品上。"我就开始学习把敦煌图案与现代的工艺品结合起来。

还有一点非常有幸，中华人民共和国成立以后，为了迎接第一次亚太和平会

图2 ｜ 图3 ｜ 图4

图2 常沙娜与叶丽华女士在美国过圣诞节（1948年）

图3 梁思成与林徽因夫妇

图4 常沙娜（右）在清华园（20世纪50年代）

议，需要设计礼品，在林徽因和梁思成先生的指导下，我把敦煌的藻井图案和和平鸽结合起来做了景泰蓝和头巾的设计（图5、图6）。

这个就是历史，但是历史形成的这个思路、这个脉络非常重要。我们现在又开始重视了，北京服装学院刘元风老师他们这一代人依然在坚持。根据这个思路，我认为这个脉络传承下去，需要了解传统的东西。但是了解传统的东西不等于重复传统，要创新，创新的根据还在于脉络中元素的发展，要跟工艺、材料、功能相结合。我希望你们还要继续继承老前辈雷圭元先生的图案法则，这很重要。除了传统以外，还有大自然的美，那就是花卉要写生变化，我就是接受了老前辈的教导而这样去做的。

后来我研究敦煌莫高窟的壁画，感觉取之不尽、用之不竭。我当时在林徽因先生的指导下，有了一个很重要的思路，那就是做专题研究，即敦煌历代的装饰图案（图7~图9）。图案只是敦煌壁画中的一个专题，还有乐器、建筑等其他太多方面，应该专题性地进行研究。我那个时候年轻，现在已是耄耋之年，一转眼我都马上89岁了，但是这个思路和脉络我一直不忘，而且我现在很喜欢对年轻人多讲几句，希望你们能够理解。现在我很高兴，我们北京服装学院就按照这个思路和脉络在传承，而且开展了这样一些活动。刘老师当过十年的院长，现在他不当行政的院长了，但是他的经历依然可以把敦煌艺术的传承、研究和发展结合起来。

昨天我看了你们组织的敦煌服饰艺术再现及创新设计的服装展演之后挺满意的，虽然去年已经在敦煌演出过，但那个秀看得不清楚，一是距离很远，二是灯光、背景都不一样。昨天的秀非常好，做了很多功夫，把沙漠戈壁滩的背景都展示了出来，是在通往西域的丝绸之路的环境下呈现服装。我特别高兴，这跟在敦煌看的那场不一样，这说明我们搞设计的基础，就是雷圭元先生的图案设计法则，除了构图、造型、疏密关系外，色调是特别重要的。我们知道色彩是红、橙、黄、绿、青、紫一个色轮，但是每个颜色都有冷色调和暖色调，有同类色、对比色，这样

图5 | 图6

图5 景泰蓝和平鸽大盘（1951年）

图6 亚洲太平洋和平会议礼品头巾（1953年）

一来每个色彩又有十几种颜色的变化。根据图案的法则来协调、调整敦煌历代的服饰，色调很自然、协调，一看就知道是哪个时代，而且感受不重复，把文物搞活了，表现非常专业。学而问，问而学，把学问用出来了。

现在我们向年轻一代推广，要保驾护航。保驾就是要把敦煌传统的东西护好，要推出去；护航就是先要好好地学习研究，理解了之后才能创新。所谓的创新，是跟现在的生活、科技生产、材料相结合，这样就可以真正地把传统的东西和现代结合起来，这也是当年林徽因先生的思路（图 10）。

我还有一个很重要的体会，那就是设计的功能性。纪念新中国成立十周年要做十大建筑，我被安排到人民大会堂，我用的是敦煌的莲花作为设计主题。因为敦煌是佛教艺术，图案以莲花为主，莲花出淤泥而不染，与人为善，普渡众生，所以我开始设计的方案就是用莲花。后来，人民大会堂的总建筑师张镈给了我非常好的教育引导。他说："你这个设计不能光是搞一个莲花，你要考虑功能的重要性。功能特别重要，一个是通风口，一个是照明。那深颜色的是通风口，组合在图案之间，

图 7　图 8　图 9
图 10

图 7　常沙娜，《中国敦煌历代服饰图案》（2001 年），中国轻工业出版社

图 8　常沙娜，《中国敦煌历代装饰图案》（2009 年），清华大学出版社

图 9　常沙娜《中国敦煌历代装饰图案（续编）》（2014 年），清华大学出版社

图 10　"丝路之光·大美无疆"敦煌服饰艺术再现及创新设计展演合影（2019 年）

然后把照明也组合在里头。亮光的地方全是照明灯，中心有灯也有通风口，边上也有灯、大灯、小灯要共同组合在图案的装饰设计里头。"这个启示对我太重要了，这导致了我接下来的设计跟功能、传统、大自然、材料各方面相结合，这是共同完成的（图11、图12）。所以我觉得我们设计运用要跟功能相结合，服装设计也是如此。

还有一个是人民大会堂北大厅的改造工程，设计要求墙面远看是白的，但是要有内容，当时有的设计方案是少数民族，有的方案是其他东西。后来让我设计一下，要求远看是白墙，保留白墙的整体效果，但是细看是浮雕的，一定要有讲究。我就想做春、夏、秋、冬的主题，即春天是牡丹、夏天是莲花、秋天是菊花、冬天是梅花，这个图案形式设计跟敦煌的基本功是有关联的，朦朦胧胧可以看到浮雕。后来这个方案被采用，所以我们搞设计一定要跟功能相结合（图13）。

服装设计也要注意功能性，服装的功能要跟人体，跟每个人的高低、大小、胖瘦相结合来设计，色调也是如此。今天在座的年轻人追求时尚，但是不能只顾追求时尚，丢了文化，要根据我们自己的特色来安排服装。

接下来是我设计的北京天主教堂的彩色玻璃，当时有一个全国人大代表是天主教的神父。他跟我说："常老师你会设计，你给我们教堂设计一个玻璃窗的图案吧。"我说："可以啊，你要采用什么内容？"他说："一个主题是葡萄，一个主题是麦子，葡萄代表红酒，麦子代表面包，把这两个东西组合起来。"我组合了以后他很满意，

图11 北京人民大会堂宴会厅天花顶装饰（1958年）

图12 北京人民大会堂宴会厅

图13 北京人民大会堂北大厅建筑墙面装饰《春夏秋冬》（2008年）

我后来好多年没去看了，估计还在（图14）。这个元素源自什么呢？就是莫高窟隋代的边饰图案（图15），结合大自然，跟功能材料各个方面相结合，就能组合出各式各样的设计。所以你们要好好地学习，现在靠你们年轻一代来学习、应用、推广。另外要知道设计的结果不是单方面完成的，设计的图案要结合材料，制作完全靠工艺。

1997年香港回归的时候，我在中央工艺美院当院长，轻工部教育司还有国务院提出来，结合一国两制的概念，赠送一个香港回归的礼物，由中央工艺美院组织一个设计团，到香港、深圳去考察。去了深圳，我第一次看到紫荆花，我那个时候有个习惯，我看到花就要画，所以我一看到这个紫荆花就开始照着画下来了（图16）。回来了以后大家就开始设计方案，将近有十几个方案，我就用紫荆花，但是紫荆花是敞开的，后来让工艺美院搞雕塑的赵萌老师和周尚仪老师去完善。我做了一个小的设计设想，他们就把这个设想形成一个雕塑性的紫荆花，起名叫《永远盛开的紫荆花》（图17）。后来国务院和中央领导都通过了，说这个含义可以，但是要把底座的石头跟金属结合起来，最后我们工艺美院团队费了很大力气做出来1∶1的实际作品。

这就说明我们做设计一定要跟功能、材料、含义相结合。再回过来讲服装，昨天看的服装秀，我是比较满意的，但是我觉得结合现代设计的部分还有一些需要提升的空间。我建议以后的服装要跟配饰结合起来，你看敦煌供养人的头饰做得挺好的，配饰也要考虑加上，项链、耳环都是配套的，这样就更完整，所以要好好研究。

我们要按刘元风老师的思路，把他这么多年所努力的东西继续下去，传承给年轻的一代。你们现在跟敦煌研究院联系也很密切，赵声良老师现在成为正院长，前院长王旭东现在成为故宫博物院院长，所以现在看来传统文化非常重要。

结语

现在提出来莫高精神，敦煌研究院荣誉院长樊锦诗女士获得"文物保护杰出贡献者"的国家荣誉称号，非常了不起。敦煌由几代人一代一代地传承下去。第一代是我的老父亲常书鸿先生，第二代是段文杰先生，第三代是樊锦诗院长，第四代是王旭东院长，第五代是赵声良院长。我年纪大了，也不知道能活多久，但是我放心了，尤其是北京服装学院把敦煌服饰文化研究和创新设计作为一个很重要的活动推广，必将影响和引导我们的年轻一代。敦煌图案的研究和继承工作，还仅仅是一个开始，绝不是结束。我把同样的教诲和期望，给予和寄托在年轻一代，希望更多的年轻学者、设计师、艺术家、学子们，能够继续前行、继续努力，做出更多的成绩。随着我们国家对传统文化传承的逐步重视，文物保护法律、法规、政策的不断完善，国民素质的进一步提高，相信会有越来越多的有识之士脚踏实地、扎扎实实地投身于对敦煌艺术的保护、研究、学习与弘扬工作之中。通过一代又一代人的继承和发扬，中华民族文化会在未来更加辉煌强盛。

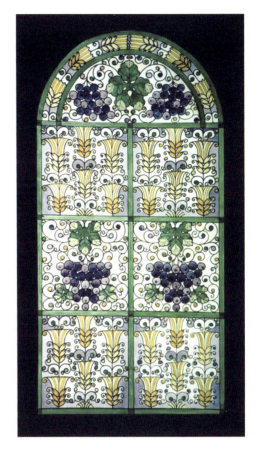

赵声良 / Zhao Shengliang

敦煌研究院院长、学术委员会主任委员、研究员。曾先后受聘为东京艺术大学客座研究员、台南艺术大学客座教授、普林斯顿大学客座研究员。东华大学、北京师范大学、西北师范大学兼职教授、华东师范大学兼职博士生导师。出版个人专著十余部，主要有《飞天艺术——从印度到中国》《敦煌石窟艺术总论》《敦煌石窟美术史（十六国北朝）》《敦煌石窟艺术简史》等，其中《敦煌石窟艺术简史》入选2015年度"中国好书"。

敦煌与东西方文化交流

赵声良

引言

敦煌的文化价值今天看来主要体现在两个方面：一是文化自信。现在提倡文化自信，搞不懂传统文化，哪能有自信呢？文化自信是建立在"懂"的基础上，掌握了传统的东西，自然就有自信了。那么传统文化到底是什么样子？敦煌文化就是传统文化集中的一个代表，所以我认为应该把敦煌文化搞懂。二是"一带一路"的建设。按照中国古代丝绸之路的路线，中国长期以来就跟国外交流。文化需要交流，如果没有交流、没有开放，文化就不会发展。每个民族、每个国家的文化发展，都需要交流互鉴。敦煌文化艺术是丝绸之路中外文化交流的一个硕果，在交流中，中国吸收了外来文化，同时让自己的文化更加强大。没有吸收，自生自灭的文化肯定会落后。中国历史上凡是发达的时代都是对外交流最繁盛的时期。比如唐朝可以说就是一个把改革开放做得最好的时代。到了清朝闭关锁国，不再和国外交流，清朝就落后了，就要挨打，这是历史上的一个教训。我们现在提倡"改革开放"，重视"一带一路"建设，中国就能在世界上不断地走在前面。敦煌文化从这两方面来说是非常重要的。所以我就从东西方文化交流的角度来探讨敦煌文化里的元素。

一、丝绸之路的开通

汉武帝派遣张骞于公元前138年和前119年两次出使西域，使连接东西方的丝绸之路全线开通（图1）。从此之后，中国和外国各个方面的交流就正式展开了。从汉朝到唐朝都是丝绸之路非常繁荣的时期，丝绸之路从中国的长安一直往西到达地中海和欧洲，敦煌就是其中一个非常关键的城市。敦煌文化的范畴，不仅包括现在的敦煌市，还包括瓜州、酒泉这一带，它们在古代都属于敦煌文化圈（图2）。丝绸之路中外文化交流各方面的积累就在这个文化圈集中形成。敦煌的石窟不仅有莫高窟、西千佛洞，还有瓜州的榆林窟、东千佛洞和肃北的五个庙石窟。丝绸之路的开

图1 敦煌莫高窟初唐第323窟
"张骞出使西域图"、

图2 丝绸之路与敦煌文化图

图1
图2

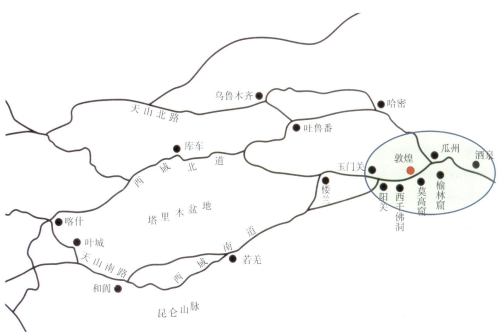

通形成了东西文化的交流。张骞出使西域只是一个象征性事件，代表中国政府正式和西方交流了。其实早在汉朝以前，东方和西方的交流就已经发生了。

丝绸之路的开通促进了东方与西方各国的政治、经济、文化交流，对中国、印度及中亚诸国的文化发展产生了重大的影响。图3～图5这些动物纹青铜牌饰，最早出现在西周或更早，最晚的到汉朝也已经出现了。在西伯利亚出土的一些金、银或其他金属材质的装饰物上也能看到类似的动物纹图案（图6）。实际上敦煌往北到蒙古，蒙古再往北到俄罗斯的西伯利亚这一带是一个大草原。在古代，这个大草原的游牧民族运动的速度很快，很容易就从东方抵达西方。受文化交流的影响，这些民族在很多方面上都有共同的趣味，他们的装饰物有很多共通之处。在西伯利亚出土的金制装饰物上，有一些动物纹样与甘肃省出土的动物纹铜饰相比有很多共同点（图7）。这一带的北方游牧民族熟悉的那些动物都有相通之处。汉朝时期，匈奴人活动的地方非常辽阔。汉武帝攻打匈奴，匈奴人最远能跑到欧洲。所以在这些区域内，东西方的文化不断地交融。

在甘肃省还发现了一个人头饰的铜戟，这种戟不一定是战场上用的武器，它往往是作为一种仪仗队的礼器。在某种场合，仪仗队用戈、戟这些武器列队。在这个武器顶部装饰着一个很漂亮的人头（图8），有人认为此人头可能是匈奴人，也有人认为这可能是乌孙人，或其他在西北一带曾经生活过的人。虽然不确定这个人头的人种，但有一点非常明确，这个人头不是汉族人的，应该是西北少数民族的。

图3 动物纹铜饰，甘肃省博物馆藏

图4 长角鹿铜饰，内蒙古博物院藏

图5 长角鹿铜饰，甘肃省博物馆藏

图6 金制装饰物（前3～前2世纪），美国大都会艺术博物馆藏

图7 金制装饰物上的动物纹样

图8 人头饰铜戟（前1046～前771年），甘肃省博物馆藏

图3	图4
图6	图5
图8	图7

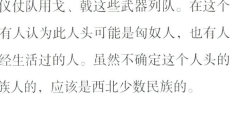

二、粟特文化的问题

在丝绸之路开通之前，甘肃一带已经产生了文化交流。从大概南北朝时期一直到唐朝，粟特文化对中国文化不断地产生影响。粟特人最初居住在中亚阿姆河和锡尔河之间的泽拉夫珊河流域，即西方的Sogdiana，音译作"索格底亚拉"。其主要范围在今乌兹别克斯坦，还有部分在塔吉克斯坦和吉尔吉斯斯坦。粟特包括一些小国家，以萨马尔干为中心的康国最大，另外还有曹国、米国、安国、何国、史国等。中国史书称为"昭武九姓"的，实际上不止九个，因时代不同而有所变化。大约在3~8世纪，粟特人沿丝绸之路东迁，有许多人就居住在中国，不再返回。粟特人擅长经商，常以商队的形式迁徙。商队首领称为"萨保"，萨保后来也成为很多地区聚居的粟特部落的首领。粟特人信奉祆教，在居住地建立祆教寺庙，进行祭祀活动，这也成为粟特人文化的一个特征。敦煌文献《沙州伊州地志》《沙州图经》等都记载了粟特人到鄯善一带居住和建立祆教寺庙的历史（图9）。

很多北朝、北周的墓葬雕刻都有相关的实例证明祆教和粟特人有密切的关系，比如北周安伽墓（图10~图12）。安氏家族显然就是从西边过来的粟特人。这个安伽墓门上的雕刻和祆教有密切的关系，两侧有人头鸟身的人物，拿着一根棍子，拨弄中间的一盆火，这就是祆教的象征。祆教又被称为拜火教，它用火来做一些祭祀的活动。

另一个北周史君墓的石椁雕刻上面也有很多祆教的内容（图13），像这种人头鸟身的人物拿着火钳弄火也是一个典型的祆教祭祀场景（图14）。

美国华盛顿弗里尔美术馆收藏的北齐石棺床（图15），以及大都会艺术博物馆藏的北齐石棺床也有类似的雕刻（图16），这个雕刻中间有两个人头鸟身的人物，他们的上半身像人，下半身有翅膀，下面两只脚是鸟的脚。我们过去对祆教了解得很少，也看不懂石棺床。现在我们很明确这些雕刻基本上和祆教有关，跟粟特人有

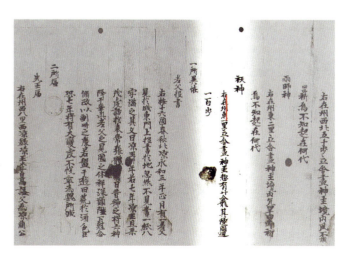

图9 《沙州都督府图经》记录的敦煌"祆神"庙

图10 北周安伽墓墓门（579年）

图11 骆驼——胜利之神

图10

图11

图12
图13
图14

图12　人面鹰身的祆教祭司

图13　北周史君墓石椁（580年）

图14　祆教祭祀场景

密切的关系。有关祆教的艺术，近些年最好的一本书是中山大学姜伯勤教授写的《中国祆教艺术史》。这是到目前为止唯一一对祆教艺术做了完整总结的书。

图17的雕刻以前被收藏在法国吉美博物馆，它于1996年在东京做过展览，展览方认为雕刻上的图案是粟特人过新年的一些活动。从人物的服装形式来看，这上面雕刻的人物大部分都是粟特人。

安阳出土的北齐粟特石棺床上面的两片形成双阙（图18），双阙上雕刻的一些人物也是粟特人，在阙侧面的下方也各有一个人物，拿着一个长棍子（火钳），下面有一个盆（烧火的地方），显然这就是祆教祭祀的场景，姜伯勤先生认为这个雕刻和祆教、粟特人有关。

图15　北齐石棺床，美国华盛顿弗里尔美术馆藏

图16　北齐石棺床，美国大都会艺术博物馆藏

图17　粟特人的新年

图15
图16
图17

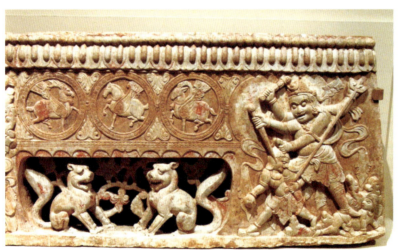

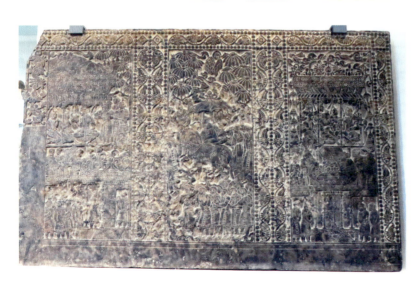

图18 北齐粟特石棺床双阙，
德国科隆美术馆藏

三、西亚和萨珊波斯的影响

除了粟特问题，我们还可以追溯西亚萨珊波斯的文化影响。需要特别注意波斯和萨珊波斯的区别。波斯帝国是位于西亚伊朗高原地区以古波斯人为中心形成的君主制帝国，始于前550年居鲁士开创阿契美尼德王朝，前334年，马其顿王国亚历山大东征，击败大流士三世，波斯帝国灭亡。萨珊王朝（英语：Sassanid Empire）是最后一个前伊斯兰时期的波斯帝国，224～651年。萨珊王朝取代了被视为西亚及欧洲两大势力之一的安息帝国，与罗马帝国及后继的拜占庭帝国共存了超过400年。萨珊王朝统治时期的领土包括当今伊朗、阿富汗、伊拉克、叙利亚、高加索地区、中亚西南部、土耳其部分地区、阿拉伯半岛海岸部分地区、波斯湾地区、巴基斯坦西南部，控制范围甚至延伸到印度。萨珊王朝统治时期见证了古波斯文化发展的巅峰状态，影响力遍及各地，对欧洲及亚洲中世纪艺术产生过重大影响。

对中国产生强大文化影响的不是早期的波斯帝国而是后期的萨珊王朝，所以我们往往用"萨珊波斯"来进行区别。虽然我们在中国能看到的文化影响是来自萨珊波斯，但是萨珊王朝和波斯帝国在文化上有非常广泛的联系，比如狩猎图。狩猎图在波斯帝国产生之前，在两河流域这一带已经有相当长的一段历史。狩猎图是古代游牧民族最喜欢的图案，通过人和野兽近距离的搏斗，来表现强大的国王或者将军的形象，以体现勇敢的精神。两河流域出土的亚述王朝雕刻上，大量出现了人和野兽搏斗的场景，通过这种惊险的搏斗，来体现勇敢的精神（图19、图20）。那个年代，很多民族都会用狩猎图表现一种勇敢的精神。

这种装饰风格在萨珊波斯时期有很大的发展，更加注重装饰性、完整性。此时期出现了很多人和野兽搏斗的经典画面，动物都追到了身后，人才骑着马回过身来弯弓射箭。西亚这一带非常流行这种回过头射箭的图案，学术界也把这种图

案称为"帕提亚射箭"。萨珊波斯的很多装饰银盘中都会出现人和野兽搏斗的图案（图21～图24）。在卢浮宫、大英博物馆、大都会艺术博物馆内，我们都可以看到类似这样的藏品。

汉朝时期，中国也出现了这个典型的"帕提亚射箭"的图案（图25），即人骑着马回过身射箭，不过图案上人物和马的形象是中国式的，这种造型的模式逐渐流传开来。比如敦煌魏晋时期的彩绘画像砖表现"李广射箭"，也是人物骑着马回过身体来射箭的画面（图26）。

莫高窟壁画里也出现了很多这样精彩的画面（图27～图29），第249窟窟顶壁画下沿的山水之间有射箭的场面，上方是一个人拿着长矛追着三只鹿的画面，最精彩的是画面下方，一个人骑着马回过身体来拉弓射箭，老虎都追到人物面前了，这实际上就是"帕提亚射箭"的画面。

吉林的集安通沟壁画墓（图30），也出现了两种射箭的方式，一个是人骑着马回身拉弓射箭，另一个是人追着往前射箭，这些图案也可以看作是"帕提亚射箭"。

图21　狩猎纹银盘（4世纪），俄罗斯艾米塔什博物馆藏

图22　狩猎纹银盘（5世纪），美国大都会艺术博物馆藏

图23　猎熊纹银盘（2世纪），阿富汗出土

图24　狩猎纹银盘（3～4世纪），阿富汗出土

图25　狩猎纹铜车饰，河北省博物馆藏

图21	图22
图23	图24
图25	

图26 敦煌魏晋墓彩绘砖，敦煌市博物馆藏

图27 莫高窟西魏第249窟"狩猎图"

图28 莫高窟西魏第285窟"狩猎图"

图29 莫高窟西魏第285窟"狩猎图"

图26
图27

图28	图29

　　最近在内蒙古博物院的一个展览上展出了一件金属马鞍（图31），马鞍上的装饰是一个人骑着马拉弓射箭追赶猛兽的图案，我们也可以从中看出萨珊波斯狩猎图的特点。

　　隋唐后，狩猎图的装饰形象在中国各地流传开了，也传到了日本。日本生产的一些工艺品或也有可能是从中国带过去的工艺品，也装饰着人物骑着马回身射箭的图案。虽然此银壶上面的画面没有那么惊险（图32），上面的人物射的是羊，不是老虎，但这说明人物骑着马回身来拉弓射箭的动作在唐朝已经非常流行了。

除了狩猎纹受萨珊波斯的影响，我们还可以从王冠的装饰上看到萨珊波斯的影响（图33~图39）。菩萨头冠的样式从哪里来？其实，印度的头冠没有那么复杂，印度本土的菩萨往往是把头发扎起来，也就是我们说的"束发"，形式简单。在中亚犍陀罗地区，这个头冠就做的比较复杂，用王冠的形象来装饰菩萨的头冠。为什么要这样？因为菩萨本身有两个身份，一是修行者的身份，菩萨通过修行最后成佛，悉达多太子也曾在山中修行，所以菩萨可以是一个没有任何装饰、非常简朴的修行者形象；另一种是贵族身份，所以他可以穿着贵族的装饰。菩萨身上装饰很多璎珞，头戴华丽的头冠，这都是贵族的装饰。这种复杂的头冠形式就出现在犍陀罗

图30

| 图31 | 图32 |

图30　集安通沟壁画墓（4世纪）

图31　马鞍的金属装饰，内蒙古博物院藏

图32　银壶狩猎图（767年），日本正仓院藏

图33　马图拉雕刻菩萨头像的装饰

图34　新疆吐木舒克出土菩萨头像

图35　犍陀罗雕刻菩萨头像

图36　新疆克孜尔石窟第38窟菩萨头像

图37　新疆克孜尔石窟第27窟菩萨头像

图38　敦煌莫高窟北凉第275窟菩萨头像

图39　大同云冈石窟第18窟菩萨头像

| 图33 | 图34 | 图35 |
| 图36 | 图37 | 图38 | 图39 |

地区，一直发展到新疆，发展到敦煌到云冈，并在敦煌和云冈形成一个有三个圆盘的形式，我们称作"三面宝冠"。图39为云冈石窟的菩萨头像，圆盘上还有个仰月装饰。我怀疑莫高窟第275窟的菩萨头冠上可能原本是有一个仰月的，由于它是泥塑的，时间久了可能掉了下来。

　　还有很多头冠形式和萨珊波斯相关的例子，比如新疆克孜尔石窟第60窟的菩萨头冠上有两个翅膀的装饰，这也是萨珊波斯王朝里比较多见的王冠形式（图40、图41）。

　　其实波斯银币上保留下来的头冠形象非常多，要是把它们排一个年代顺序的话可以排出几十个。我们就选出几个王冠形象（图42~图46），图45有一些比较典型的装饰形象，图片下排的王冠上有仰月的装饰，这个月牙上面的圆象征着太阳，这种日月组合代表日月冠。这是萨珊波斯王朝里的一种典型的形象。图片中有的王冠中间的圆盘很大，就像一个大大的宝珠一样，有一个月牙托着它；还有的王冠是有翅膀的形象。上文新疆壁画里出现的有翅膀的头冠形象就是来源于萨珊波斯国王的王冠，其菩萨的头冠就是仿造了这样的形式。

　　敦煌的壁画、彩塑里也有许多类似的形象（图47、图48）。莫高窟第285窟的菩萨头顶上是一个三角形的头冠，它有三个仰月，这就是典型的萨珊波斯王冠的形象。唐朝的菩萨头冠上也依然可以看到日月冠的头冠。

图40　新疆克孜尔石窟第38窟

图41　新疆克孜尔石窟第60窟

图42　波斯银币上的王冠形象

图43　贵霜王朝银币（4～5世纪）

图44　敦煌莫高窟北凉第275窟
交脚菩萨

图40	图41
图42	图44
图43	

图45　大同云冈石窟第18窟

图46　敦煌莫高窟北魏第254窟
北壁交脚菩萨

图47　敦煌莫高窟西魏第285窟
菩萨

图48　敦煌莫高窟初唐第57窟
菩萨

图45	图46
图47	图48

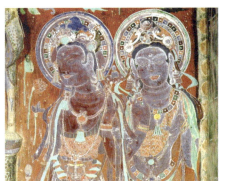

四、联珠纹等独特的纹样

我们把由一个个珠子串起来的圆形称为联珠纹。联珠纹在萨珊波斯的时代非常流行，它经常出现在纺织品上（图49），也会出现在像砖这样的建筑装饰上（图50）。

联珠纹的纺织品沿着丝绸之路传入中国，此时期，中国也仿制这种联珠纹的丝绸，然后把它外销到国外。当时丝绸之路上的商贸非常发达，中国产的丝绸会对外服务，国外有这个需求，中国就会生产这种联珠纹的纺织品。欧洲有很多这类藏品（图51），甚至埃及都有出土这类纺织品（图52）。

敦煌壁画里的联珠纹集中出现在隋朝。隋朝大一统使得丝绸之路一下子就繁荣

图49 联珠纹织锦（5～7世纪），
美国大都会艺术博物馆藏

图50 联珠纹砖（5～6世纪）

图51 纺织物残片（8～9世纪），
英国维多利亚和阿尔伯特美术馆
藏

图52 纺织物残片（6～7世纪），
法国卢浮宫博物馆藏

| 图49 | 图50 |
| 图51 | 图52 |

起来了。南北朝时期，由于战乱纷纷，丝绸之路并没有那么通畅。隋朝一统全国后，隋朝皇帝首先想到的就是要打开丝绸之路，让中国跟西方广泛交流。隋炀帝还特别在张掖举行了西域二十七国交易会，按我们现在的说法就是国际博览会，这可能是中国历史上第一次国际博览会。当然，从隋炀帝本身来说，他很想炫耀一下隋朝的富强，他把华丽的地毯铺到地上，让张掖的老百姓都穿上华丽的服装迎接外国人到来。外国人一到中国就感觉中国人太有钱了，这就产生了很好的国际影响，之后外国人源源不断地来到中国。所以隋唐时期，胡商云集，丝绸之路越来越发达。

隋朝37年里，在敦煌莫高窟新修建了石窟78座，重修了十几座，总共近百座。如此大的数量在如此短暂的时间里完成是任何一个时代都无法企及的。这个时期的敦煌石窟里面出现了很多外来的东西，最典型的就是联珠纹。在莫高窟的窟顶、龛边缘等位置装饰着一条一条的联珠纹（图53、图54）。提取下面这些联珠纹的线条，就会发现这些圆圈里头有带翅膀的飞马及对马（图55）。这种带翅膀的翼马，是西亚美索不达米亚文明最典型的一个装饰物，之前提到的北齐石棺床里也有这种翼马的形象（图16）。

隋朝时期，菩萨衣饰繁复华丽，衣裙上也使用了当时最时髦的联珠纹。此时期的服饰很可能就是用萨珊波斯的联珠纹纺织品做成。莫高窟第420窟菩萨身上的联珠纹图案，颜色已经变黑，其线条解析出来是骑马的勇士跟野兽搏斗的狩猎图案

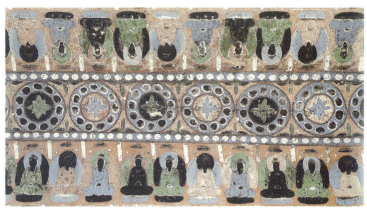

图 53　敦煌莫高窟隋代第 394 窟
联珠纹

图 54　敦煌莫高窟隋代第 402 窟
联珠纹

图 55　敦煌莫高窟隋代第 277 窟
联珠纹

图 53 ｜ 图 54
｜ 图 55

（图 56、图 57）。这种人跟动物搏斗的装饰图案是非常典型的萨珊波斯风格，它也出现在联珠纹里面。

比较阿富汗出土的银盘，可以看出它们纹样中人跟猛兽近距离搏斗的惊险场面如出一辙（图 23、图 24）。

联珠纹除了有圆形的外，还有菱格形的，它也是用一个个联珠连起来，每个菱格中有狮子、凤凰这样的装饰物（图 58、图 59）。

莫高窟第 158 窟卧佛的枕头很有意思（图 60），枕头上的图案是把联珠纹给改造了一下，联珠外面加了一些花瓣，像是一朵一朵花，联珠中间有一只鸟，这只鸟的品种很难判断，可能是鸭子或鸳鸯。

新疆克孜尔石窟的壁画里出现了对鸟的形象（图 61），新疆出版的书里面认为这是一对大雁，这种形象应该也受到了萨珊波斯文化的影响。从时代上来说，这个图案可能是在唐朝左右出现的。

北朝时期也出现了这样的联珠纹，比如黄地卷云太阳神锦上的图案（图 62），这里面的内容非常丰富，图案的中间坐着一个太阳神，太阳神的形象涉及很广泛，可能跟西方的阿波罗神像有关系，也可能跟印度的"密特拉"的形象有密切关系。

图 56　敦煌莫高窟隋代第 420 窟
菩萨

图 57　联珠狩猎纹

图 58　敦煌莫高窟隋代第 427 窟
菩萨

图 59　菱格狮凤纹

图 56	图 57
图 58	图 59

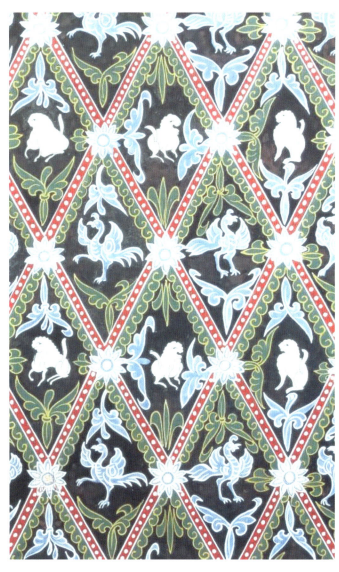

在中亚这个文化交汇处，印度的太阳神和西方古希腊体系的太阳神互相补充，传入中国后，中国的太阳神形象也产生了一些新变化。

　　唐朝流行的东西也是日本的时尚，此时来自萨珊波斯的装饰纹样是非常时髦的，人们都很喜欢在衣服各个地方使用联珠纹，所以生产了大量这样的织锦，如图63所示日本正仓院藏织锦。

图60　敦煌莫高窟中唐代第158窟佛枕装饰纹

图61　新疆克孜尔石窟第60窟对鸟纹

图62　黄地卷云太阳神锦，青海省考古研究所藏

图63　日本正仓院藏织锦（8世纪）

图60	
图61	图63
图62	

五、藻井的问题

莫高窟窟顶的四方形称作"藻井"，藻井这个词来自中国传统的木结构，汉朝人说"交木为井，绘以藻纹"。在莫高窟只有最早的北凉第268窟和272窟的藻井是立体的浮塑，即用泥塑成立体的形式。这些浮塑间有一个层叠的关系，最中间的方块是最高的地方，是在下面一层一层堆高的（图64）。后来的藻井都是画出来的，画家也没打算要把它恢复到那种立体的感觉，建筑空间的意义逐渐地就失去了，把它作为一个方形的装饰物流传下来（图65）。

那么藻井到底从哪里来？过去有很多学者认为这种形式是来自中国传统的建筑。从现存的考古遗迹来看，汉朝唯一的一例藻井形式，就是沂南汉画像石墓（图66），其顶部的石块形成一个层叠的关系，四方形的边上用石块垒起来，根据分析，这是藻井的结构。但是在中原汉代以前的建筑遗迹中，这种藻井并不是普遍存在的形式。

中亚到西亚这一带出现了很多类似藻井的形式。尼萨的宫殿就在美索不达米亚形成（图67），中亚这一带到现在为止依然还有这样的建筑（图68）。印度山奇寺院遗址的旁边，还有这种石头垒起来的建筑。图69是我在山奇寺院遗址照的照片，这个结构就是用石头垒起来的。

从建筑学的角度，有的学者认为建筑可以归纳为两大类，一类是构架式，一类是堆垒式。构架式以中国传统建筑为代表，即用几个柱子撑起房梁，在中间形成一个大的结构。此时，即使墙还没有垒起来，这个屋顶也已经可以搭建了，然后再用砖或者是用木板建起四边的墙。堆垒式是指靠一块块的材料堆起来的结构。西方有一些建筑，就是用一根根的木头垒起来，或用一块块的石头堆起来，形成一堵墙的形式。那么这种方形的屋子该怎么封住屋顶呢？一种办法就是从四个角开始，用四

图64 ｜ 图65 ｜ 图66

图64 敦煌莫高窟北凉第272窟藻井

图65 敦煌莫高窟西魏第249窟藻井

图66 沂南汉画像石墓顶藻井

图67　尼萨的宫殿（约前2世纪）

图68　克什米尔寺院的藻井

图69　印度山奇寺院遗址屋顶藻井形式（约5世纪）

图67	图68
图69	

块石头把它堆上去，往上再堆四块石头，可以一直往上堆，一直堆到把屋顶封住。我认为藻井结构属于堆垒式建筑。这种结构在中国并不是最流行的，但是在中亚、西亚一带非常流行。图70的藻井就是一层一层把窟顶垒上去，形成一个往上升的结构，巴米扬石窟有大量的这种结构。

克孜尔石窟受到很多外来文化的影响，敦煌的藻井一般不超过三层，克孜尔石窟有很多多层的藻井（图71、图72），比如克孜尔第167窟藻井一直堆到了六层，完全仿照堆垒式的结构堆上去。藻井的形式最早是从西方传入，并在克孜尔的一些洞窟当中保持了这种结构。在敦煌石窟中，因为藻井逐渐地成为一种绘画的要素，后来它已经没有建筑学的意义了，所以工匠逐渐地就不再画一层一层的藻井。唐朝以后的藻井，基本上就是一个方形，中间装饰一朵花、一些花纹。隋唐以后，藻井

图70 阿富汗巴米扬石窟第733窟立面及藻井透视图

图71 新疆克孜尔第165窟立面及藻井透视图

图72 新疆克孜尔第167窟窟顶藻井

图73 印度阿旃陀石窟第10窟壁画

图74 印度阿旃陀石窟第2窟窟顶壁画

图70	图73
图71	
图72	图74

建筑结构的意义可能基本被淡忘了。

印度早就出现了以一个大莲花为中心，四角有几个小莲花的藻井形式（图73、图74），比如印度阿旃陀第10窟。这个石窟大概建造于前2～前1世纪，虽然洞窟的壁画还不确定是不是当时画的，但这个壁画和后代的壁画相比还是较早的。莫高窟中一个大莲花边上四个飞天的藻井形式在印度也是比较普遍的，只不过印度飞天跟敦煌的不太一样，就像是一个小胖娃娃，好像不是那么容易飞起来的。新疆很多石窟也出现了这种藻井形式，比如吐鲁番附近的奇康湖石窟（图75）。总之，敦煌的藻井逐渐变成了一个装饰，逐渐地失去了建筑本身的意义。

隋唐时期藻井的装饰越来越多，藻井中心的莲花周围有一圈飞天。莫高窟第407窟的三兔飞天藻井（图76），三只兔子中间只有三只耳朵，但每只兔子都有两只耳朵。现在有一些学者认为这个结构是从中亚或西亚传过来的，实际上，在中亚

窟顶仰视图　　　立面图

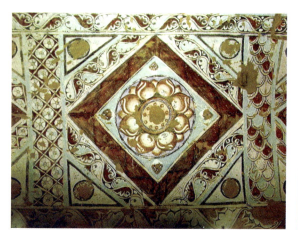

地区，目前还没有发现比隋朝三兔藻井更早的三兔结构，但是在西亚和中亚地区也有别的动物的共用形式，比如共用耳朵、腿或者翅膀的形式在西亚和中亚地区都有很多例子。因此，我认为三兔结构是从西方传入也是有一定的道理，尽管找不到相关实例，不过目前也没有发现隋朝以前的中国传统图案里有这样的三兔结构。

六、从忍冬纹到卷草纹

忍冬纹是一个典型的植物纹样。植物纹的出现最早可以追溯到美索不达米亚两河流域文明，它非常刻意地表现植物的卷曲变化（图77）。我们称之为忍冬纹，国外学者多用两个词汇：Palmette（棕榈叶纹）或Acanthus（莨苕纹）。这两个名称往往混用，但实际上它们有一点点差别，主要是古希腊的装饰柱头上非常复杂、写实的纹样多用Acanthus（莨苕纹）来称呼。古希腊彩绘的陶瓶和雕刻上面有很多趋向于平面装饰形式，它通过一片片叶子来组成叶子结构就像一朵花一样，这一类装饰纹多用Palmette（棕榈叶纹）来称呼（图78~图80）。之后这种图案传入新疆、敦煌等中国西北地区，并逐渐形成了一些固定的形式。克孜尔石窟里的这种植物装饰，逐渐形成了跟敦煌比较接近的一种形式，我们称之为"忍冬纹"（图81）。

忍冬纹实际上与植物的忍冬花没有关系，现在还找不到依据来说明这个纹样称为"忍冬"的来源。忍冬纹构成有一个固定的变化形式，大概是3~4瓣叶子，组合形成一个翻卷的形式。它的组合形式非常丰富，有流畅的波浪形的，也有一个个分别成组的，还有忍冬纹和莲花组合的装饰图案（图82~图84）。

在敦煌壁画中，这些装饰图案的变化很丰富，有的结合禽鸟等动物，还有的结合摩尼宝珠。甚至在佛背光中也常常采用忍冬纹的变形形式，使它具有火焰纹类似的效果，用以表现背光的光芒（图85、图86）。

在北朝时期，敦煌壁画中的忍冬纹变化非常丰富。莫高窟第428窟的窟顶，有

图77 尼维亚宫殿的装饰纹（前7世纪）

图78 古希腊彩绘陶瓶（约前5世纪），英国博物馆藏

图79 古希腊彩绘陶瓶（约前450年），法国卢浮宫藏

图80 古希腊墓碑雕刻（前440～420年），希腊雅典国立博物馆藏

图81 新疆克孜尔石窟忍冬纹

图82 敦煌莫高窟忍冬纹

图77	图78
图79	图80
图81	图82

克孜尔第192窟

莫高窟第254窟

克孜尔第212窟

莫高窟第251窟

克孜尔第172窟

莫高窟第254窟

克孜尔第17窟

莫高窟第428窟

很多忍冬纹和莲花、飞鸟、摩尼宝珠结合起来的装饰（图87）。这个时期忍冬纹的发展演变受到了中国南方的一些影响（图88）。南京博物院和常州博物馆展出过南方出土的一些忍冬纹装饰的画像砖，跟这个洞窟忍冬纹的装饰特别像（图89、图90）。

图83　敦煌莫高窟北魏第431窟人字披顶忍冬纹

图84　敦煌莫高窟北周第296窟忍冬纹

图85　敦煌莫高窟西魏第249窟佛背光中的忍冬纹

图86　敦煌莫高窟西魏第285窟龛楣中的忍冬纹

图83	
图84	
图85	图86

图87　敦煌莫高窟北周第428窟人字披装饰纹

图88　敦煌莫高窟西魏第288窟忍冬禽鸟莲花纹

图89　南朝画像砖一，常州博物馆藏

图90　南朝画像砖二，常州博物馆藏

| 图87 |
| 图88 |
| 图89 | 图90 |

七、西方的天使与佛教的天人

斯坦因在新疆和田所获有翼天使壁画，他认为这是欧洲的文化影响到了中国（图91）。

犍陀罗舍卫城大神变的中心雕刻的是佛说法的场景，佛的头上有两个胖胖的小天使抬着花（图92）。在佛教中没有天使的说法，佛教称其为"天人"，天人即飞天。佛说法的时候，飞天在天上散花供养。犍陀罗的艺术家把飞天雕刻成西方小天使的形象。在新疆地区出土的舍利盒盖子上面也有小天使的形象（图93），这个小天使吹着一个竖笛或者筚篥，它的翅膀现在已经变黑了。

中亚哈达地区出土的佛坐像（图94），佛龛顶部的壁画上有典型的两个小天使扛花环的形象，这是古希腊艺术中非常流行的形式。中亚地区的佛教艺术从一开始就受到古希腊文化的影响，因而形成了长翅膀天使形象的佛教飞天。

新疆的壁画里也出现了类似的形象，克孜尔第227窟里的两个飞天拿着一个花环，虽然左边的飞天颜色已经变黑了，但可以清楚地看到右边的飞天背上有两个翅膀（图95），这是古希腊的一种典型雕刻形式。

图96中古希腊的石棺外面雕刻着两个天使扶一个圆盘的形象，圆盘当中的人像可能就是死者的形象，可能代表天使带着死者去往天国。

古希腊的很多雕刻里面出现了类似这样的天使，显然这个天使跟犍陀罗雕刻中的天使有联系（图97、图98）。犍陀罗的文化影响了中国西部，影响了新疆的壁画，但是在敦煌壁画当中好像并没有出现这样拿着花环的两个天使。敦煌是中国佛

图91 | 图92
图93 | 图94

图91 斯坦因在新疆和田所获有翼天使壁画

图92 舍卫城大神变局部（3～4世纪），巴基斯坦拉合尔博物馆藏

图93 舍利容器中的天使形象（6～7世纪），日本东京国立博物馆藏

图94 哈达出土佛坐像（3世纪），法国吉美博物馆藏

图 95　新疆克孜尔石窟第 227 窟

图 96　古希腊雕刻（2～3 世纪），美国大都会艺术博物馆藏

图 97　古希腊雕刻一，英国博物馆藏

图 98　古希腊雕刻二，英国博物馆藏

图 95
图 96
图 97
图 98

教艺术的一个界线，敦煌往西，外来的东西就多一点，敦煌再往东，中国传统的东西就多一点。敦煌正是一个交汇点，外来文化和中国文化在此交汇。

　　犍陀罗青铜舍利容器的下部分像波浪形的绳子一样，这个绳子上半部是一个个佛像，下半部有一些裸体的小孩，这些小孩扛着绳子跑来跑去（图 99）。这个绳子实际上是用花环编起来的花绳（也称"华绳"）。西方文化习惯用小孩特别是小天使扛着花绳奔跑的形象来表现一种欢快的精神。

　　犍陀罗雕刻当中也有很多类似这样的雕刻。图 100 是一个说法的佛像，它的最

下缘雕刻着一排波浪形的花绳，有一些小孩很快乐地扛着绳子，这当中还有一些长着翅膀的天使形象。这种小天使拿着花绳的形式，不是来自印度，而是来自古希腊。

近几年在新疆和田达玛沟出土了一些壁画，学者们推测这些壁画可能是魏晋时期的。关于下面几幅壁画残片的形象（图101），学术界有很多推测，有的人甚至推测这可能是祆教的形象，我认为这应该是小天使的形象。我们把它复原一下，它按照图102的方式连起来就是一个波浪形的花绳，每一个单元里有这些天人在跳舞。这个形象来源于犍陀罗，犍陀罗又传承于古希腊。

图 99　犍陀罗舍利容器局部（2～3世纪），巴勒斯坦白沙瓦博物馆藏

图 100　犍陀罗雕刻佛像局部（约3世纪），日本松冈美术馆藏

图 101　新疆和田达玛沟出土壁画残片

图 102　达玛沟出土壁画残片整体结构的复原

图 99	
图 100	图 101
图 102	

八、佛像的袈裟

一般来说，佛像的袈裟有两种类型，一是偏袒右肩，佛教把露出右臂、只将袈裟

图103 | 图104 | 图105
图106 | 图107 | 图108 | 图109

图103 偏袒右肩袈裟，马图拉雕刻坐佛（1世纪后半），印度马图拉博物馆藏

图104 通肩袈裟，犍陀罗雕刻坐佛（2～3世纪），加尔各答印度博物馆藏

图105 炳灵寺第169窟佛像

图106 炳灵寺第169窟佛像

图107 大同云冈石窟第20窟佛像

图108 敦煌莫高窟北魏第260窟佛坐像

图109 敦煌莫高窟北魏第260窟佛坐像

末端搭于左肩上的穿着形式称为偏袒右肩；二是通肩袈裟，使用一块布把整个身体都藏起来。这是佛经上有依据的两种袈裟形式（图103、图104）。

中国出现了一种独特的佛衣形式，它既不是偏袒右肩袈裟，也不是通肩袈裟。炳灵寺第169窟佛像看起来是偏袒右肩式袈裟，其实在佛像右胳膊上还搭了一块袈裟（图105、图106）。云冈石窟第20窟佛像更清楚地表现出右肩上搭了一块袈裟（图107）。偏袒右肩式袈裟应该是直接顺着腋下拉出，并不需要搭在右肩上，那么把右肩上这一块往上搭应该是通肩式袈裟的形式，可它又不是把整个脖子围起来的通肩式袈裟。敦煌北魏的佛像也采用这种形式（图108、图109），我认为这可能是因为穿着通肩式袈裟会使右胳膊不方便

活动，所以中国就出现了跟佛经记载不相符的袈裟形式，它的目的就是让右胳膊能够露出来活动。

北凉石塔上也出现了这种形式，石塔上的这个佛像，他穿着通肩袈裟，他的右胳膊从袈裟的开口处伸出来（图110）。北魏文殊山石窟壁画上佛像的胳膊也是从袈裟里伸出来（图111）。

曾有日本学者认为这种袈裟的形式可以称作"凉州样式"，因为在凉州出现的比较多。现在看起来它并不是凉州的样式，因为犍陀罗地区早就已经有了（图112～图114）。这种样式显然是从犍陀罗传到中国的，那么犍陀罗的样式最早的源头应该是古希腊。大英博物馆的古希腊雕刻人物证明古希腊人就是使用一块布把身体包裹藏起（图115）。

结语

以上是我提纲式地分享的一些敦煌与东西方文化交流的例子，每个题目都可以在将来继续深入地研究，有待于年轻人接着做下去！

图110 ｜ 图111

图110 北凉石塔中的佛像袈裟
形式（442～460年）

图111 文殊山石窟北魏壁画佛像

图112　犍陀罗雕刻佛像（3～4
世纪），巴基斯坦拉合尔博物馆藏

图113　犍陀罗雕刻佛像（约2
世纪），俄罗斯艾米塔什博物馆藏

图114　犍陀罗佛像（4～5世
纪），日本丝绸之路研究所藏

图115　古希腊雕刻人物（约1
世纪），英国博物馆藏

图112	图113
图114	图115

尚　刚 / Shang Gang

教授、文学博士、博士生导师、清华大学美术学院学术委员会主任。研究方向为中国工艺美术史，学术研究集中在中国工艺美术断代史，对南北朝至元，特别是元代和隋唐五代研究心得较多。科研与教学成果5次获得北京市、教育部、文化部政府奖励，负责的中国工艺美术史课程被评为国家精品课，先后被评为"宝钢优秀教师"和"北京市教学名师"。2010年个人专著《隋唐五代艺术美术史》获文化部中国文联和中国美协颁发的首届美术理论奖，又获"第七届中国高校人文社会科学优秀成果三等奖"。

吸收与改造
——6～8世纪的中国联珠圈纹织物与其启示

尚　刚

引言

在6～8世纪的中国丝绸图案，乃至装饰艺术里，最引人瞩目的莫过以联珠圈纹为典型的联珠纹。

联珠纹由连续的圆珠构成，或呈条带状，排列在主题纹样或织物的边缘，或做菱格形，其内填以花卉，更常见的是围成圆或椭圆的珠圈环绕主题纹样。联珠圈有小大之别。在直径或长径约3～5厘米的小珠圈里，主题纹样多系适合于圆的花朵，形象往往相当程式化、抽象化，此外，也有对鸭、对鸳鸯等。大联珠圈的直径或长径在10～20厘米的数量最多，也有大到40厘米左右的，所环绕的主纹大抵为禽兽和人物，它们是联珠纹织物中图案最精彩、文化内涵最丰富的一类。本文讨论的就是它们。

工艺美术的实物史料不外出土与传世两部分，在本文讨论的时段里，时代较明确的出土物主要得自新疆吐鲁番的阿斯塔那墓地，传世品则多为日本奈良正仓院、法隆寺的收藏。下面关于时代的分析，也将以这两部分实物为核心。

一、文化风貌

有个认识至关重要，即联珠圈和它所环绕的主题纹样是不能割裂的组合，因为，这不仅符合装饰的实际，还对判断中国联珠纹装饰的文化来源大有裨益。6～7世纪，联珠圈内的主纹往往区别于中国传统，却常与萨珊波斯和中亚粟特地区等西方文明血肉相连。其代表是翼马、鸾鸟、野猪头、大角鹿、狩猎等，它们主要见于7世纪50～80年代。[1]

翼马（图1）。隋唐锦上的马纹往往带有翅膀，即翼马，唐人称之为"天马"。

---

[1] 关于这类纹样浓郁的西域风与实物的具体时代，请详拙著《隋唐五代工艺美术史》，北京：人民美术出版社，2005：75-82。

翼马是典型的波斯装饰题材，也屡见于粟特的壁画和织锦。在萨珊波斯，翼马纹有崇高的宗教含义，萨珊王朝定袄教（琐罗亚斯德教、拜火教）为国教，袄教里，翼马是日神米特拉的化身。

鸾鸟（图2）。它们颈系飘带，喙衔花环或绥带，考古学家夏鼐指出，这是萨珊式纹样，在克孜尔石窟壁画和萨珊银器上，都曾出现，❶同样的织锦形象，在中亚壁画上也屡见不鲜。

野猪头（图3）。在中亚，它的织锦形象屡见于巴拉雷克——节别、阿夫拉西阿卜，但在时代稍晚的瓦拉赫沙和片治肯特，却难得一见，俄罗斯学者捷露萨莉姆斯卡亚认为，这说明了粟特织锦的迅速风格化。❷野猪头獠牙暴露，狰狞凶残，视觉感受与一般中国装饰题材大异。这是种独特的萨珊式纹样。在崇尚武功的萨珊人信奉的袄教经典里，军神维尔斯拉格纳的化身就包含着"精悍的猪"，以它为饰，反映的恰是萨珊波斯人对神德的礼赞。

大角鹿。在中国发现的联珠纹锦里，这是最常见的主题纹样，它可以单独出现（图4），又能够捉对成双（图5）。它们大抵出土在7世纪50~60年代的墓葬中，形象一律为大角鹿，同样的鹿纹还流行在中亚，出现于7~8世纪的粟特银器上。萨珊银器上的鹿纹当然时代更早，在大约6~7世纪的波斯陶器中，都能见到与中国联珠鹿纹锦酷似的联珠鹿纹。

狩猎（图6）。这样的场景在唐代联珠纹锦中被一再表现，曾为日本奈良法隆寺封存千余年的那片，尺幅最大、织造考究、装饰精美，题材也最典型。有意味的是，一只萨珊银盘（图7）图案的细节竟与它酷似。如骑射的姿势、雄狮的形态都如出一辙，甚至，连猎手的脚形也惟妙惟肖，并且，鞍下均不附镫。马镫是中国的

图1　图2　图3

图1　联珠对马纹锦（初唐），新疆维吾尔自治区博物馆藏

图2　联珠鸾鸟纹锦（初唐），新疆维吾尔自治区博物馆藏

图3　联珠野猪头纹锦覆面局部（初唐），新疆维吾尔自治区博物馆藏

❶ 夏鼐：《考古学与科技史》，北京：科学出版社，1979：97。
❷ 捷露萨莉姆斯卡亚：《论粟特艺术丝织风格的形成》，《中亚和伊朗》（苏联国立艾尔米塔什论文集），列宁格勒：作者出版社，1972：40-41。

发明，到4世纪前期，已由单镫进步为双镫，❶ 因而，这片唐锦的鞍下无镫应在说明，它效仿了西方的典范。

联珠圈纹内，还有人首兽身、大角野山羊、翼狮等，它们同西方的联系已经不必再说。一些辅纹看似无足轻重，其实，倒更能揭示联珠纹锦的西方渊源。如源自萨珊波斯的展翼纹是中亚丝绸常用的题材，它们屡见于唐锦（图8）。有同样渊源的双斧则不仅用为辅纹，还会成为小联珠圈纹锦的主纹（图9）。生命树极富拜占庭色彩，也常见于中亚织锦，在唐代的联珠纹锦上，又被反复表现（图5），但是，结体已经复杂，名称也有改易，唐人称之为"花树"。

从在阿斯塔那的收获看，丝绸上的联珠纹在7世纪50～80年代最为兴盛，此后，迅速衰落。在年代无疑义的实物中，最晚的一片是阿斯塔那出土的联珠双龙纹绫（图10），它有墨书的"景云元年（710年）双流县折䌷绫一匹"题记。其图案揭示了唐人对联珠纹的改造，而被改造的不仅有联珠纹，还有联珠圈内的主题纹样。此绫的主题装饰虽然也出现在联珠圈中，但联珠圈已经不是为人熟悉的单层，

图4 联珠鹿纹锦（初唐），新疆维吾尔自治区博物馆藏

图5 联珠"花树对鹿"纹锦（盛唐），日本

图6 联珠四骑猎狮纹锦局部（盛唐），日本东京国立博物馆藏

图7 沙普尔二世猎狮图鎏金银盘（4世纪初），俄罗斯艾尔米塔什博物馆藏

图4	图5	图6
图7		

❶ 孙机：《唐代的马具与马饰》，《中国古舆服论丛》，北京：文物出版社，1993：83。

而是双层，并且，外圈已不再由圆珠组合，而是易为小圆环。

正仓院珍藏的两片织锦则透露了略晚的消息。在联珠狩猎纹锦上，双层联珠圈又改易为内层联珠，外层卷草（图11）。在卷草舞凤纹锦上，主纹完全是联珠纹锦的规模，但西方情调的联珠圈已为中国风格的卷草取代（图12）。后者的时代应为8世纪中叶，之所以如此判断，不仅因为它登录在天平胜宝八年（756年）的《献物帐》上，还因为其所有者以帝王之奢，不会使用陈年的旧物。❶关于卷草纹的启用，当然是因为盛唐中国装饰的花卉化大潮流。

主题纹样的改易尤其体现了"中国气派"。尽管唐代丝绸纹样的许多细节还难以描述，但有限的资料仍传达了不少的信息。例如，同是狩猎纹样，图5与图11差距不小，虽然前者图案更精美，形象更细腻，但后者的猎物已由西方的狮子改易为中国人熟悉的虎豹，而场景却更复杂，更有现场感，更近中国绘画，又与当时银器、铜镜声气相通。至于图10的双龙，那已是典型的华夏灵瑞了，图案酷似的绫在正仓院也有收藏。

图8	图9	图10
	图11	图12

图8　联珠对狮纹锦经帙花纹摹写图（盛唐），敦煌莫高窟藏经洞出土

图9　联珠双斧纹锦（初唐），新疆维吾尔自治区博物馆藏

图10　黄色联珠双龙纹绫摹写图（盛唐），新疆维吾尔自治区博物馆藏

图11　联珠狩猎纹锦局部（盛唐），日本正仓院藏

图12　联珠舞凤纹锦局部（盛唐），日本正仓院藏

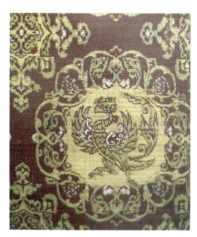

❶ 正仓院里的这两种锦应是由遣唐使带往日本的，较可能携带它们的应是第9、10、11次遣唐使，他们返回日本的时间分别是718年、734年、754年。

二、几个问题

中国联珠纹牵涉的问题实在太多，不能逐一讨论。下面要说的只是与本文主题关联密切的文化渊源、题材选择、地域差异和发展轨迹。

1. 文化渊源

工艺美术史家一再说起联珠纹丝绸的中国源头，但这却难成定论。作为一种极单纯的几何形装饰，联珠的形式可以自发地出现在文化互不联系的地域和时代。中国的联珠纹出现固然很早，在原始彩陶、商周青铜器乃至两晋青瓷上，都曾出现过，但既没有形成自觉的连续传统，也看不出对6世纪中叶以来的艺术，特别是联珠圈纹的影响。形成这个传统，并且带来这种影响的应是西方艺术。

就已有的知识，在萨珊波斯，联珠圈纹锦织造最早，也最风行，其他地区联珠圈纹丝绸的生产都同萨珊波斯有直接或间接的联系。西方学者已经指出了萨珊联珠纹的祆教星相学语义——神圣之光，❶但在中国，起码绝大多数其他信仰的人士却不可能因此服用联珠纹织物。中国人取用它们，也是基于喜新尚奇的风气，而非出于对祆教的虔敬。

2. 题材选择

本文讨论了几种源出西方的主题纹样，无论源起何方，它们都在中亚出现或流行过。其实，粟特人对波斯艺术的接纳本身就有选择，如萨珊波斯的大尾翼兽（Senmuru）、雄鸡、人头像，只出现在较早的中亚壁画上，当年，许多苏联学者相信，它们是描绘出的萨珊织锦。在中国，这些最有萨珊波斯特点的题材从未被发现，不论是丝绸，还是其绘画形象。这又表明，只有在中亚长期流行过，才可能在中国流行。

因此，至少可以指出，虽然可能有地域更在西边的源头，但隋唐织锦所受的外来影响直接来自中亚，而非其以西地区，这与萨珊波斯影响隋唐中国的通行说法，有不小的差异。其实，道理本来简单，那时联络中西的主要通道是丝绸之路，若走它，必经中亚，而粟特人经商与制作兼长，他们令往来的货物及其承载的文化内容打上了自家的印记。

中亚织锦风格的成熟以纹样的抽象化、几何化为标志（这显然有7世纪中期以来，中亚逐渐伊斯兰化的大背景），带这类装饰的织锦在中国发现了不少，但是，仅仅局囿在西北。内地对它们的各种文字史料全无记录，绘画、雕刻等也难见表现。因此，在内地不流行是最起码的。❷显然，面对西方艺术东渐的大潮，中国内

---

❶ 陈彦姝：《十六国北朝的工艺美术》，北京：清华大学美术学院硕士论文，2004：34。
❷ 传为阎立本的《步辇图》应能说明问题，此作表现的是松赞干布遣使朝见唐太宗的场景。在图上的众多人物中，衣联珠圈纹锦者，仅吐蕃使者禄东赞一人。

地的选择比中亚更为严格，这里深厚的文化传统令艺术只接纳与自己相去不太远的装饰因素，至于新颖与否，奇特与否，已经退为其次了，哪怕是在喜新尚奇的隋唐。

3. 地域差异

在隋唐时代的中国内地，联珠圈纹织物成批生产过，那没有问题，但它是否也像广义的西域地区那样风靡过，这却有问题。因为，虽然在西安等地的石质葬具上几次见到联珠圈纹，但从遗存的文献和画迹、雕刻等看，还找不出它曾经如此风靡的充足证据。中国古籍浩如烟海，但如今仅知《北齐书·祖珽传》中的"连珠孔雀罗"一例，今见的内地形象资料亦复不少，但联珠纹所占比例也不及西陲。它们共同反映的是，华夏文明中心区流行的丝绸样式同西北民族、域外国度差别不小，像野猪头那样怪异的纹饰有可能从未被喜爱过，这显然说明的是两地不同的文化氛围和审美感情，很难归咎于今存资料的欠完备。

4. 发展轨迹

在中国，已知最早的联珠圈纹丝绸发现于阿斯塔那墓地，为558年墓中的联珠孔雀纹锦（图13）等。文献报道的联珠纹织物时间更早，大约前此15年，它们是产地当系山东的"连珠孔雀罗"。❶ 自6世纪中期开始，联珠纹在中国流行了大约150年。从阿斯塔那的发现看，7世纪50~80年代，联珠纹织物最盛，而后，迅速转入衰微。可以指实的是，中国内地出产的联珠纹织物，最晚不过景云元年（710年）的联珠双龙纹绫，它揭示了联珠圈纹淡出中国内地装饰。

关于联珠纹的衰微和淡出，还无法找到确切的艺术原因，不过，在时间上，有两个政治举措与联珠纹的衰微和淡出十分接近。长寿二年（693年），武则天禁锦，

图13　联珠对孔雀纹锦（北朝后期），新疆维吾尔自治区博物馆藏

---

❶ 李百药：《北齐书·卷三九·祖珽传》（北京：中华书局，1972：514）："时文宣为并州刺史，署珽开府仓曹参军，……与陈元康、穆子容、任胄、元士亮等为声色之游。诸人尝就珽宿，出山东大纹绫并连珠孔雀罗等百余匹，令诸妪掷樗蒲赌之，以为戏乐。"按，"文宣"即北齐文宣帝高洋，据《资治通鉴》卷一五八，他为并州刺史在东魏武定元年（543年）。

著名的酷吏侯思止因私蓄锦，被杖杀于朝堂。[1] 武周革命，典章制度改易甚多，法令频颁，雷厉风行。锦，私蓄可杀，私织、私贩自然更加可杀。如果禁锦的法令持续若干年，兼以服制的变化，就足以使织物图案大大改观，联珠纹织物骤然衰微的主因理当在此。开元二年（714年），玄宗的禁断更加决绝，终止官私织锦，还勒令臣民，将已有锦绣衣物染为黑色，匹料须卖给政府，[2] 自己则率先做出榜样，在大殿之前，把宫廷的锦绣珠玉付之一炬。[3] 联珠纹织物淡出中国内地装饰应该与此有关。

关于联珠纹，至少还有两点理应说起。一是自7世纪80年代始，它又转为花卉图案的组成部分，如变体宝相花和宝相花。前者如阿斯塔那683年墓中的几种变体宝相花纹锦（图14），它们往往同联珠纹大有渊源，不仅圆珠出现在花朵的中央，联珠纹更是保留于织物的边缘。后者如正仓院里的宝相花纹琵琶锦囊（图15），联珠则出现在宝相花的中央。二是辽代仍有联珠圈纹锦绣出现，这应当体现的是北方草原仍保留着更早的装饰传统，但这已经超越了本文讨论的时段。

图14 ｜ 图15

图14 变体宝相花纹锦四种局部（盛唐），新疆维吾尔自治区博物馆藏

图15 宝相花纹琵琶锦袋（盛唐），日本正仓院藏

[1] 司马光：《资治通鉴·卷二〇五·唐纪二十一·则天后长寿二年》，北京：中华书局，1956：6491。
[2] 宋敏求：《唐大诏令集·卷一〇八·禁约上·禁奢侈服用敕》，北京：商务印书馆，1959：563。
[3] 刘昫：《旧唐书·卷八·玄宗纪上》，北京：中华书局，1975：173。

结语

　　北朝后期，伴同对西域文化的倾慕，经选择的联珠圈纹进入了中国丝绸装饰，唐代前期，启动并完成了对它的改造。使之逐渐与中国的艺术传统水乳交融，转为时代装饰的有机组成部分，并且，成为大唐图案的杰出代表。唐代工艺美术成就辉煌，联珠圈纹正是玉成辉煌的重要因素，而其演进又恰是唐代工艺美术发展的一个缩影。

　　缕述中国联珠圈纹的渊源和发展不仅为着厘清历史问题，还希望能为中国当代的艺术设计提供龟鉴。伴随改革开放的深入，异域文明涌入中国，中国艺术设计因之吸纳了越来越多的异域元素。如今，中国的艺术设计尚欠成熟，因此，学习、吸收不仅亟须，而且重要，但目的绝非逼真描摹出外国设计的中国版，而在加速建设有华夏特色的艺术设计体系。优秀的设计一定饱含民族气派，有选择地充分吸收异域的先进因素，并自觉地使之融入中国的文化传统，才能创造出既富时代气息，又具民族文化精神的杰作，才能无愧于设计师的历史使命。于此，仅对联珠圈纹的吸收与改造一事，古人已经垂示典范。

马　强 / Ma Qiang

敦煌研究院美术研究所所长、研究员，中国美术家协会会员，中国美术家协会美术教育委员会委员，中国工笔画学会理事，中央美术学院壁画系客座教授，北京服装学院校外研究生导师。临摹和创作多幅作品参加了国内外重要展览，近年来还多次参加了国际学术研讨会并发表论文十余篇。

敦煌壁画摹写的历史与方法

马　强

引言

敦煌壁画是传承的艺术，是一种"外师造化，中得心源"的具体表达，是对真正走向推陈出新、创造时代民族形式新艺术的重要借鉴。敦煌研究院的艺术家们临摹研究敦煌壁画的方法是建立在中国传统绘画的基础之上，以此解读敦煌壁画艺术的价值特征和源流演变。

一、敦煌壁画摹写的价值和意义

（一）敦煌壁画在中国美术史上的重要地位

一是敦煌石窟保存下来的五万多平方米的壁画为我们提供了自北朝至元朝的佛教绘画真迹，是我国最为完整的宗教绘画体系。敦煌壁画填补了我国唐及唐以前的绘画传世作品的空缺。

二是敦煌壁画蕴含了诸多历史时段中国绘画技法与绘画风格的传承与沿革，是中国古代艺术的珍贵遗产，是探索中国美术发展史最系统、最丰富的历史资料，为中国美术史的研究提供了可依赖的图像研究平台。

（二）敦煌壁画摹写的现实意义

第一是史料价值，敦煌壁画的摹写是敦煌艺术保存和传承的重要手段之一。壁画摹写的目的就是复制文物，移植壁画，临本是文化遗产保存的副本。

第二是敦煌壁画摹写的实践对中国画的进步产生了重要影响。在摹写壁画的过程中，要学习古人的绘画技法，汲取创作的养分，了解摹写对象的思想内容，辨明各个时代壁画的风格特征以及制作的程序和方法。对于古代佛教艺术的图像识别、内容考证有着重要的意义。

第三是艺术价值，通过摹写对敦煌壁画艺术的风格、造型、色彩、技法的研究，为新的艺术创作提供了可能，使传统技法得以传承和延续（图1）。

第四是传播价值，敦煌壁画摹写作品具有展示、介绍和传播功能。敦煌壁画是不可移动文物，但通过摹本在国内外办展览，让更多的人认识敦煌艺术，是传播敦煌艺术、弘扬中国文化、促进国际交流的重要途径（图2）。

二、敦煌壁画摹写的历史

敦煌壁画的摹写工作大致可以分为三个时期：

（一）王子云和张大千时期（1941～1943年）

谈到临摹敦煌壁画，不得不谈到20世纪40年代初首先到敦煌考察和摹写的画家张大千和王子云。1942年，留学法国专攻西洋绘画的王子云教授率领西北考察团奔赴敦煌，开展了调查研究和摹写，摹写了一批各时代壁画的代表作，完全按壁画现状忠实摹写。1943年他曾在重庆沙坪坝（中央大学）举行展览，首次用摹写品将敦煌艺术公之于世，并发表了第一份莫高窟内容总录，引起了文化教育界的重视（图3）。

1941～1943年张大千先生两次来敦煌，他自筹资金、自制画纸和颜料，在莫高窟摹写壁画两年多，大小临本近三百幅。张大千摹写敦煌壁画有三大特点：第一是画稿以透明纸从原壁画印描，临本与原壁画同等大小；第二是将壁画进行复原，特别是对大型经变画进行复原临摹；第三是进行整理临摹，使得临本显得更加完美。张大千曾在兰州、成都、重庆展出敦煌魏、唐等各时代壁画临本四十四幅，把人们引进一个神秘的艺术世界，对弘扬敦煌艺术遗产起到了积极的作用（图4）。

（二）摹写工作的发展阶段（1944～1985年）

这一阶段以常书鸿（图5）、段文杰（图6）等先生为代表。1944年，常书鸿先生成立了敦煌艺术研究所，第一件事就是规定不能在原壁上进行拓稿，避免对壁画、洞窟的破坏。这一时期条件十分艰苦，常书鸿先生带领团队进行清沙、自制颜料，工作环境和生活环境都很困难，颜料及纸张都十分紧缺。就是在这样艰苦的条件下，常书鸿依然带领研究所的同事们坚守敦煌，不断进行着敦煌壁画的摹写工作。进入1950年，国立敦煌艺术研究所改名为敦煌文物研究所，在这一时期，国家对敦煌石窟的保护研究比较重视，工作环境和生活条件都有所改善，敦煌壁画的摹写工作步入正轨。在摹写工作中建立了完整的评审制度，即"三审四评"：查修稿、查线描、查工作日志；评色彩、评造型、评风格特点、评画面效果，最终评出"三等九级"。

这一时期进行了大规模的摹写工作，如经变画、史记画、供养人、装饰图案等近2000幅摹写品，并且开始了整窟摹写工作，如莫高窟第329窟（图7）。

图3 王子云教授与西北考察团
图4 张大千的敦煌壁画临本
图5 常书鸿先生
图6 段文杰先生
图7 李琪琼先生临摹莫高窟第329窟的工作场景

图3	图4
图5	
图6	图7

（三）敦煌壁画摹写工作的成熟阶段：敦煌研究院时期（1985年前后至今）

1985年以后，敦煌研究院在继承传统摹写的基础上注重发展与提高，接续前辈们的工作先后完成了第249、217、220窟摹写，以及第3、275、419、45、276窟和榆林窟第29窟的摹写，并进行了大规模的对外宣传和文化交流活动，先后在国内外众多城市举办展览近百次。

2003年以来，在对传统摹写方法的继承上，敦煌研究院又运用现代科技手段和数字技术提取画稿。全面使用矿物颜料摹写敦煌壁画，取得了新的实践经验，提高了工作效率和准确度。20世纪50年代，国家文物局局长郑振铎将东欧国家送给我们国家的幻灯机赠送给敦煌文物研究所所长常书鸿先生，这台老式幻灯机一直到20世纪80年代中期都在临摹工作中使用。放稿的方法是首先确定所临壁画的尺寸，然后在壁画上量取画面中形与形之间的数据，以此为依据提高画面中形的准确度。到了晚上下班的时候，去一些不开放的大洞窟中放稿，每工作一小时就要暂停工作，由于幻灯机发热胶片膨胀，稿子已无法对上，还得让机子休息半个小时，等冷却后再进行对稿的工作，可见当时是那么艰苦的环境，现在的条件都得到了改善。现如今，数字化技术是在1平方米之内拍30多张片子，因为照相机的镜头是有透视的，在电脑上对透视变形的部分进行剔除和重新拼接，并进行多次矫正后产生高清数字化画稿（图8）。

三、敦煌壁画摹写的方法

1944年，敦煌艺术研究所成立以后，便把摹写复制壁画作为研究敦煌石窟艺术的重要手段，经过几代美术工作者半个多世纪的摹写实践，逐步形成了科学完整

图8　数字化图像采集与输出

的临摹体系。段文杰先生在1956年发表的《谈临摹敦煌壁画的一点体会》一文中归纳总结了敦煌壁画临摹的三种方法：一是复原临摹，二是客观临摹，三是整理临摹。

（一）复原临摹

复原临摹是指经过充分调查研究，在有科学依据的前提下，将破损褪变、漫漶不清的壁画进行复原，以再现壁画绘制之初的本来面目。从段先生临摹的莫高窟盛唐130窟《都督夫人礼佛图》中可以看出人物形象中主线与辅线、浓墨与淡墨的运用是经过深思熟虑的（图9）。在人物服饰的披帛上以线的疏密虚实表现了两个不同线型的变化，体现了原作者第一次起稿和后来定稿时衣纹处理的变化。《都督夫人太原王氏供养像》是中国美术史上唐代服饰研究的第一手资料，并且载入中国高等美术教育教科书中，成为复原临摹敦煌壁画的登峰之作和绝佳典范。

（二）客观临摹

客观临摹即现状摹写，就是忠实于壁画现状的艺术效果，运用艺术的手段将敦煌壁画的现状还原到其他载体上，如实复制壁画现存的形象和色彩，以追求逼真效果为目的（图10）。

（三）整理临摹

整理临摹是指保持壁画现状，通过调查研究，在有根据的前提下，对一些残破的重要形象和色彩进行适当的整理，使临本的形象既相对完整又具有历史感。如第205窟的壁画，原先到了清代，菩萨的脸被涂成白粉，所以根据唐代的艺术风格把壁画的形象进行整理临摹。比如菩萨手持柳枝，在原壁上已经不清晰，在忠实原作的基础上体现敦煌壁画的面貌与风格。

图9 ｜ 图10

图9 莫高窟第130窟《都督夫人礼佛图》（1955年，段文杰临摹）

图10 莫高窟第331窟《法华经变》局部（2010年，马强临摹）

四、敦煌壁画摹写的材质

（一）纸张、泥板、蜂窝铝板

临摹敦煌壁画一般使用纸张和泥板（图11），主要使用的是性能更为耐久、还可厚涂颜料的皮纸。纸的耐久性是由酸、碱度配比适中程度来决定的，最柔韧的纸呈中性。其纤维长力度强，即使是颗粒粗糙的颜料也可以绘制得较厚，纸质比较结实耐用。木板泥底是在做好的木板上绷制麻布，再根据壁画的时代特征制作泥底。木板泥底画适合于小型洞窟和单幅画，其绘制效果更接近真实洞窟壁面，如北凉第275窟、元代第3窟。近期我们也在做新材料的探索和实践，像蜂窝铝板，我们去年开始和保护研究所合作，一同进行科学的试验，今年三月已进行了专利申请，把铝板经过化学处理后变成可吸水的材质，现在能制作1×1米大小的铝材泥底绘制材料。

（二）颜料

自20世纪40年代中期开始的敦煌壁画临摹工作中，我们使用的颜料比较宽泛，从无机矿物颜料、有机植物颜料、人工合成颜料，到当地的土制颜料，如各种红土，还有宕泉河河床上的云母等。敦煌壁画主要是矿物颜料绘制（图12），矿物颜料具有色彩明快、色泽优美、发色性能好、耐久性强、不易变色的优点，可以毫不夸张地讲，没有矿物颜料就没有今天的敦煌壁画。20世纪50年代，故宫博物院和国家文物局给我们赠送了一批矿物颜料。我们是将这些矿物颜料与国画颜料结合进行临摹。进入21世纪中国开始了矿物颜料精细化的生产加工，2004年后开始了全面使用矿物颜料临摹敦煌壁画的工作实践。

采自莫高窟周边土质中的绘画颜料，也可称之为土质颜料。土质颜料是将天然

图11 ｜ 图12

图11 泥板，关晋文临摹

图12 矿物颜料

土料经过水洗过滤之后得到的颜料。也可将过滤的土质颜料与化学合成颜料进行配比之后，将其作为黄土或者是胡粉的添加物，常被用来作为壁画摹写打底时的颜料层，如打底时的土色等。

（三）敦煌壁画摹写使用的胶

敦煌壁画摹写使用的胶是明胶（图13、图14），矿物颜料配合动植物性胶为调和剂来绘制。熬出来的胶夏天放冰箱可保存4天，冬天可保存6天。10克的胶加180毫升的水，温度把握在70摄氏度左右，晾凉之后才能加矾，否则的话会产生不能用的胶矾水。

（四）敦煌壁画摹写使用的墨与砚台

临摹壁画主要使用的是松烟墨，砚台一般是甘肃的洮砚。

五、敦煌壁画摹写的技法

（一）铅笔起稿

利用喷绘的底稿和拷贝台，将宣纸铺于底稿之上，放置于打开灯光的拷贝台上，将宣纸与画稿利用回形针固定，防止纸面与

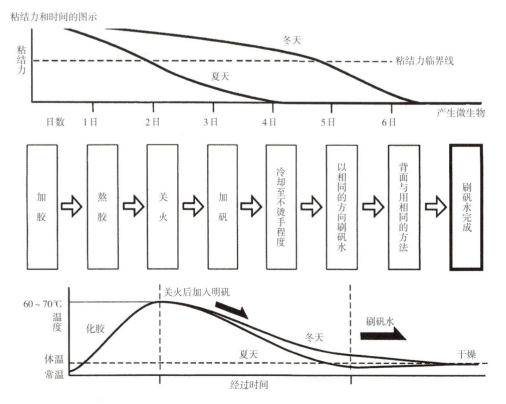

图13 明胶

图14 胶的粘结力与时间的关系

底稿移位（图15）。需要特别指出的是铅笔勾稿，不是勾得越细越好，这是一种错误的观念，实际上使用软硬适中的HB、2B、3B型铅笔即可，最好是一次性地用书法用笔的方式勾勒出线条。有一种错误的观念是有的形象的线条使用双勾线更好，这样的过程必定会束缚最后的墨线定稿，二次勾线的线条会压铅笔稿，线条自然也会变得粗放，所以临摹是临摹原壁的精神和灵魂，而不是越细越好和简单的拼凑。

（二）修稿

通过之前长年对敦煌壁画的学习和对传统艺术的经验积累，并且通过对同洞窟和同时代壁画的比照和研究，对所临壁画的造型特点、衣纹规律以及每根线条的来龙去脉的梳理，确定壁画脱落、漫漶不清部分的轮廓线条，直至造型准确为止（图16、图17）。

（三）绘制白描稿（定稿）

对画面的形象做准确修稿，在精确修订后的铅笔稿上，用毛笔依据原作线条的气势笔韵勾勒出完整的白描稿，并使其成为独立的作品，如同原作的粉本，作为摹写资料永久保存在画库（图18、图19）。

例如，唐代的线条是很粗的，盛唐的经变画只用衣纹笔勾线笔是不够的，需要用着色笔来勾，类似底蕴厚重的颜真卿书法。不要简单地认为唐代壁画就是华丽细腻很纤弱，其实唐代的线条也是很厚重很大气的，具有颜体书法的韵味特征。

（四）过稿（着色用线稿）

经拷贝台将白描稿拷贝到正式的着色用皮纸上，我们通常称其为"过稿"，即

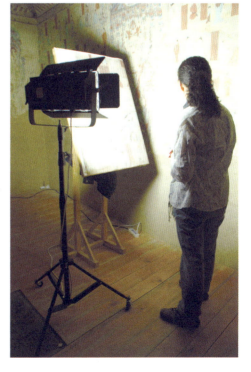

图 15 ┃ 图 16
图 17

图15　铅笔起稿

图16　修稿一

图17　修稿二

065

通过拷贝台将白描稿按原稿样，用新研磨的松烟墨描印在敷色用的皮纸上，线的浓淡以原壁画所需为度（图20～图22）。

（五）刷土底

过完稿之后就是刷底，要强调的一点是近些年我们在使用矿物颜料之后才开始刷土底，早年间的先生们不用土底，也因为缺乏矿物颜料，所以早年间都是用颜色来调个底子，将敦煌壁画转换成纸本画。近些年我们做全面使用矿物颜料临摹敦煌壁画的探索，是在纸本上模拟墙壁的感觉，使用敦煌澄板土经过筛选、漂洗、过滤、加胶等工序后制成临摹壁画的泥底色刷制在临摹的画稿上（图23）。

（六）刷白底

刷底一般选用高岭土，高岭土有两种使用材质：一种是"炭烧"的材质，比较脆硬；另一种是"水洗"的材质，比较温润。一般在壁画临摹中用"水洗"的材质比较好，加胶调试浓度，最好先在纸边进行尝试，不要直接去刷，刷的浓度保证合适即可（图24～图26）。

图18　绘制白描稿一（定稿）

图19　绘制白描稿二（定稿）

图20　过稿一（着色用线稿）

图21　过稿二（着色用线稿）

图22　过稿三（着色用线稿）

图18	图19
图20	
图21	图22

（七）敷色绘制

第一，分析壁画颜料层的叠压即色层关系，依据着色的先后顺序进行摹写着色。第二，依据传统的由浅到深的着色方法进行着色。主要是利用深色颜料覆盖力强的特点，便于调整、补救浅色颜料着色过程中的失误，同时也有利于画面效果的整体把握。第三，依据画面颜色比例大小的顺序及色系进行着色（图27～图36）。

（八）整体合成

摹写作画最后需要整体合成，画面与模型再次协调，对画面之间有连接的部分做衔接处理（图37）。

图23

图24

图25　图26

图23　做土底色标，摄影：牛源

图24　做白底色标一，摄影：牛源

图25　做白底色标二，摄影：牛源

图26　做白底色标三，摄影：牛源

（九）裱装合成

将分块绘画的画面拼接为以壁为单元的整体（图38）。

图27
图28
图29

图27　莫高窟第285窟北坡一，高鹏临摹，摄影：
牛源

图28　莫高窟第285窟北坡二，高鹏临摹，摄影：
牛源

图29　莫高窟第320窟东壁北侧菩萨一（2015年），
马强临摹，摄影：牛源

图30　莫高窟第320窟东壁北侧菩萨二（2015年），马强临摹，摄影：牛源

图31　莫高窟第320窟东壁北侧菩萨三（2015年），马强临摹，摄影：牛源

图32　莫高窟第320窟东壁北侧菩萨四（2015年），马强临摹，摄影：牛源

图33　莫高窟第320窟北壁阿弥陀经变一（2015年），邵宏江临摹，摄影：牛源

图34　莫高窟第320窟北壁阿弥陀经变二（2015年），邵宏江临摹，摄影：牛源

图30	
图31	图32
图33	图34

图35　莫高窟第320窟南壁说法图，
沈淑萍临摹，摄影：牛源

图36　莫高窟第320窟南壁说法图
的摹写

图35
图36

结语

南齐谢赫六法讲的"传移摹写","传"并不是简单地学习临本,"传"应该是传统。实际上是中国古代绘画的一切样本,是其中传递的绘画之道。"传统"是绘画规律和品格认知,是古人"道"的集合。"移"就是"移情",是真正进入传统中"气韵生动"的精髓,与之相应并得到传承。"摹"就是传统感召之下的心摹手追,其实摹写的过程就是印证的过程,达到手心相应。"写"即中国传统绘画讲的运笔,也是我们对敦煌壁画的认知,那就是中国绘画高度与中国书法一脉相承。传承观亦是中国传统绘画的精髓,在许多敦煌壁画摹写过程中,一直不变的就是坚守其精神宗旨。因为是临摹,"临"的是感悟,"摹"的是记忆,通过临摹可以表达千百年传承的艺术价值。不但是在艺术的语言上,更是在人文的精神层面得到人格的升华,也是通过摹写这一手段,接承古人的艺术精神和灵魂,将自然的意境了于笔端,毕竟实践是最有说服力的方式。以实为真,以虚为心,成为中国艺术精神承传的表征。敦煌研究院的敦煌壁画临摹作品对当下中国文化自信的建立,对中国文脉的传承具有重要的价值和意义。

图37 ┃ 图38

图37　整体合成

图38　敦煌研究院名誉院长樊锦诗指导工作,摄影:牛源

孟嗣徽 / Meng Sihui

故宫博物院研究员、中国文化和旅游部文化建设顾问与专家委员会专家、中国敦煌吐鲁番学会理事、首都师范大学美术学院研究生导师。任法国远东学院北京中心、中国人民大学国学院、中国国家图书馆文津讲坛、中央美术学院人文学院、首都师范大学美术学院、复旦大学视觉艺术学院等讲座教授。主要从事艺术史学和博物馆学方面的研究。有关艺术史学的研究近年来主要集中在两个方面：其一是收集整理了北京、大阪、纽约等地收藏以及敦煌出土绘画品中的有关星象的图像数据，撰写了《炽盛光佛变相图图像研究》《〈五星及廿八宿神形图〉图像考辨》《五星图像考源——以藏经洞遗画为例》《十一曜星神图像考源》等几十篇论文；其二是关于山西元代壁画群和画工班子的研究。基于对故宫所藏山西兴化寺元代壁画的研究，同时把单体的图像作品放入社会历史的大环境中考虑，以求获得图像的整体意义。

佛像产生与佛教传播：

以《大唐西域记》所载佛本生窣堵波为例

孟嗣徽

引言

作为一种世界性的宗教，佛教在公元交替之时在印度次大陆兴起。这是世界文明史上的一件大事，也是东方文明的关键所在。在几代学者的研究过程中，人们逐渐认识到，佛教的产生、兴起与传播，或许应该放到更大的历史脉络里才能看得更清楚。

早在前6世纪，佛教作为印度教的异端出现，继而分离并开始传播。佛教是如何从一个区域性的宗教发展成为一个世界性的宗教呢？譬如，佛教在佛陀涅槃后的五六百年中并没有传入中土，而大约在2世纪传入中国并迅速发展并繁荣起来。彼时彼地发生了什么事情？佛教在传入中国之前是怎样的一段历史呢？

这些问题集中起来，其关键的因素就是犍陀罗的文明。这或许是一个以往学界所忽略的问题。我们过去只知道佛教是从印度传播过来的，而印度是一个很大的概念。佛教的产生，尤其是佛像的产生和佛教文本的产生，与犍陀罗那块土地上的文明有着密切的关系。2世纪的贵霜王朝，是佛教开启的一个重要时期。缘于此，在佛教诞生五六百年后，得以在中国迅速发展并繁荣。

作为文化交流通道，佛教的陆路传播途径恰巧与历史上的"丝绸之路"重合。魏晋南北朝时期，西南丝绸之路已贯通至中亚。至唐朝，丝路南道由葱岭向西，越兴都库什山至大夏（今阿富汗巴尔赫）后分两路，其中一路经布路沙不逻（今巴基斯坦白沙瓦，即犍陀罗腹地），而后南下抵南亚。

东晋402年，高僧法显西行巡法入北天竺。法显在一个名为怛叉始罗（或名竺刹尸罗，今巴基斯坦塔克西拉）的小国留学六年之久。彼时的怛叉始罗是一个集佛教、哲学和艺术一体的研究中心，那里学者云集，香火鼎盛。法显在此成就了《佛国记》一部，即《法显传》。怛叉始罗是贵霜帝国的主要城市，早在前10世纪就已形成了城市的规模。由于其位于南亚和中亚的关键交界处，优越的地理位置使其自然成为中亚南亚地区学习与教育的中心。作为东方文明的中心之一，自吠陀文明时代以来，这个地区的教育一直在古印度社会中位于突出地位。

在汉地，自古以来西巡求法的高僧大德不止于法显。北魏神龟元年（518年），宋云与比丘惠生，两人由洛阳出发，一路向西，历时4年，取经百余部；唐太宗时，玄奘经中亚往南亚求经、访学，历时16年，所著《大唐西域记》至今仍为重构南亚次大陆历史的重要文献。《佛国记》和《大唐西域记》中所记载的"呾叉始罗""健驮逻国""布路沙不逻""醯罗城""迦毕试"等国均在犍陀罗文明圈之内。

犍陀罗国，是前6世纪就存在的国家，是古印度列国时期的16大国之一。犍陀罗地区特指今巴基斯坦白沙瓦（布路沙不逻或弗楼沙）及周边地区。犍陀罗文明圈还包括其东侧的塔克西拉（呾叉始罗）、北侧的斯瓦特（乌仗那）、西侧今阿富汗贾拉拉巴德（醯罗城、哈达）与贝格拉姆（迦毕试）地区。这里不仅是印度次大陆的文明发源地，而且由于地处欧亚大陆的连接点，在世界文明发展史上也有着重要作用。

谈到犍陀罗就不得不提及贵霜人在1～2世纪的迦腻色迦王统治时期。1世纪时贵霜人势力日渐强大，到迦腻色迦王统治期间，贵霜王朝已经成为一个统治着从巴克特里亚到犍陀罗，乃至中印度的大帝国。彼时佛教及其他宗教的传播和流行，以及东西方贸易的交流，使犍陀罗成为多种文化的聚集地和融汇点。

从今天来看，1～2世纪，佛教寺院和窣堵波（佛塔）的大量建立，伴随着兴盛的佛教造像活动，使得在这一广阔的区域里，遗存并出土了大量的希腊风格而内容为佛教的犍陀罗艺术品。犍陀罗艺术对佛教美术的影响巨大而久远。

以上是有关犍陀罗的背景。下面要讲的三个内容：第一，犍陀罗文明开启的佛教美术新图像；第二，《大唐西域记》所载佛本生窣堵波，以"燃灯佛授记""诃利帝（鬼子母）"为例；第三，文本与图像的传播。

一、犍陀罗文明开启的佛教美术新图像

古代印度，真正意义上的佛教美术兴起于前2世纪末。现存较典型的遗址有中印度的巴尔胡特和桑奇大塔。在桑奇大塔的塔门上用浮雕的手法雕刻出象征丰饶的动植物纹样，来表现释迦牟尼前世的佛本生故事以及今生的佛本行（佛传）故事。这是印度最早的佛教美术作品。这些作品最显著的特征是佛陀的形象不以人形来表现，而以圣树、圣塔（窣堵波）、法轮、佛足等象征物来暗示佛陀的事迹。其中，以圣树与圣塔的组合来象征佛陀的手法最常见。日本学者宫治昭先生认为，这与中印度的圣树崇拜关联密切。同时，这些本生和佛传的叙事情节是穿插在众多的佛教神祇人物和动植物纹样之中，而没有形成独立的单元。与此同时，在西印度的石窟寺院以及南印度的佛教中心阿玛拉瓦蒂，在前1世纪也兴起了佛教艺术。由此，学

者们普遍认为犍陀罗地区的美术活动的兴起也应在此前后。

在桑奇大塔的栏楯和塔门上面布满了以人物和动植物为主的浮雕。而其中没有出现佛陀的形象，而是用坐骑、伞盖、树木、佛塔和一些其他的形象来暗示佛陀的存在（图1）。

在巴尔胡特大塔的塔门、栏楯和隅柱的雕刻中，出现了圆形和方形的装饰结构。在圆形空间中雕刻的佛传故事有"托胎灵梦""帝释窟说法""祇园布施"等，方形空间内则雕有"供养佛法""降魔成道与诸天赞叹""伊罗钵蛇王礼佛""波斯匿王访佛""佛从三十三天降凡"等场面。佛传故事表现手法与本生故事的图式基本相同，有很多一图多景式的构成单元。值得注意的是，这些场景中也没有出现佛陀的形象，他的存在也是以圣树、足印、法轮、圣塔等象征物来暗示。有学者认为以表现"佛陀诞生""逾城出家""初转法轮"（或"降魔成道"）和"涅槃"，所谓表现佛陀一生行迹的"四相图"，成为佛教艺术中反复出现的题材，应该肇始于巴尔胡特的雕刻（图2～图5）。

图1	图2
图3	图4	图5

图1　印度桑奇三塔塔门上的浮雕（前2世纪）

图2　礼拜菩提树：树下降生

图3　足迹崇拜：逾城出家

图4　礼拜法轮：初转法轮

图5　礼拜佛塔：涅槃

在佛教文本方面，直至前6世纪佛祖释迦牟尼涅槃，佛陀的教义基本上是口耳相传，并没有书面的文本存在。一些学者的研究证明，很多早期的佛经是用佉卢文（犍陀罗当地语言）写成的，之后才出现了梵语化的情况。因此犍陀罗地区很可能是世界上最早出现和使用文本佛经的地区。贵霜帝国鼓励佛教写经和使用文学文本，使大量口耳相传的佛教经典书面化。由此，犍陀罗语也成为佛教早期经典的重要书写语言。同时也推动了犍陀罗语的发展和繁荣。因此，佛经书写和犍陀罗语之间存在密切的关系。

贵霜王迦腻色伽一世是帝国最伟大的国王，他统治着整个北印度，以及包括于阗在内的部分中亚地区。迦腻色伽王初时信奉琐罗亚斯德教，轻侮佛法，不相信有罪福之分说法。并且征伐四方，多行杀戮。直到受马鸣菩萨的感化，才皈依佛教。马鸣菩萨也因此成为国王思想及精神上的指导者。同时，迦腻色伽王注重保护学术。在他的宫廷里聚集了伟大的佛学家马鸣、胁尊者和世友等人，还有协助治国的智臣摩咤罗、调身的良医阇罗迦和著名的希腊建筑师阿基西劳斯等人。

迦腻色伽一世时期，在呾叉始罗（塔克西拉）建有一所大学，塔克沙伊拉大学（Takshashila University）。这是印度历史上最古老的国际大学，其历史和规模甚至在著名的那烂陀大学之上。塔克沙伊拉大学的历史可以追溯到前6世纪或前7世纪。由于这所大学的存在，呾叉始罗在公元前的几个世纪一直是一个著名的教育中心。它陆续吸引来自世界各地的学生，直至5世纪这个城市被毁。从塔克沙伊拉大学走出的著名学者有孔雀王朝的政治家、哲学家考底利耶（Chanakya或Kautilya）；文法学家波你尼（Pāṇini）；印度文学典籍《五卷书》的作者毗湿奴沙玛（Vishnu Sharma）；佛陀时代的神医耆婆（Jivaka Komarabhacca）以及迦腻色伽王朝阿育吠陀（Ayurvedic）的医师阇罗伽（Charaka）等。

自迦腻色伽王崇信佛教以后，佛教在贵霜帝国迅速传播。迦腻色伽王信奉大乘教派，从此北印度佛教以大乘为主。迦腻色迦王把包括胁尊者、世友、马鸣等一批出色的佛教学者召到自己身边，对经、律、论三藏都重新作了修订，佛教的发展此时达到了一个前所未有的高潮。正是在此基础上，在迦腻色迦王的主持下，佛教的第四次结集在迦湿弥罗（今克什米尔）召开。由此，当中印度佛教已不是那么兴盛的时候，西北印度的富楼沙（今白沙瓦）取而代之成为新的佛教中心。

贵霜帝国的建立，打开了南亚与中亚之间的屏障，为佛教的东传创造了有利条件。据《洛阳伽蓝记》和《大唐西域记》的记载，大约于前1世纪中叶，已有迦湿弥罗的高僧毗卢折那来汉地传布佛法。两汉三国时，在华的外国僧人半数以上来自贵霜领地。

迦腻色迦王在夏都富楼沙修建了极其壮丽的寺院、佛塔和大讲经堂。当时中国高僧法显巡礼北印度时，在此地曾亲眼看到过这些雄伟的建筑物。他慨叹地说："凡所经见塔庙，壮丽威严都无此比。"

　　随着佛寺和佛塔的建立，用希腊雕塑艺术的形式表现佛教内容，佛教造像艺术也由此而拉开了大幕，大量希腊风格的佛像应运而生（图6、图7）。犍陀罗佛教寺院建筑较之中印度有明显变化。中印度窣堵波中的塔门已被舍弃，覆钵部分增高而面积渐趋缩小，台基增高且多至数重。从塔克西拉的法王（Dhamarajika）大塔（阿育王时期）中可以看到：围绕着大塔，四周围建起成排的禅修室和奉献塔，僧房区院内设有莲池（图8）。

图6
图7

图6　犍陀罗艺术品，巴基斯坦白沙瓦博物馆藏

图7　巴基斯坦塔克西拉焦利安（Jaulian）佛寺遗址

图8　巴基斯坦塔克西拉法王塔
（Dhamarajika）佛寺遗址

图9　巴基斯坦马尔丹塔赫特·拜
依（Takht-i-bhai）佛寺遗址全景

图8

图9

　　犍陀罗佛教寺院建筑更多的是一种兼有塔院和僧院的寺院伽蓝。塔院的中央建有大型的佛塔礼拜场所。僧院则是僧人修行与居住的场所。犍陀罗地区的佛教美术中，最为突出的也是雕塑。单体的造像常以圆雕表现，浮雕则以佛传与本生故事居多，它们主要附着在礼拜场所的建筑上，形成一条叙事性的装饰带。

　　塔赫特·拜依（Takht-i-bhai）佛寺遗址，是白沙瓦地区马尔丹的一处遗址（图9）。塔赫特·拜依佛寺遗址中可以清晰地看到：塔院是供养与礼拜的场所。以大型的佛塔为中心，周围有像龛、大小奉献塔。僧院是僧人们居住与修行的场所，建有僧房和莲池（图10），此外还有讲堂、集会厅等。

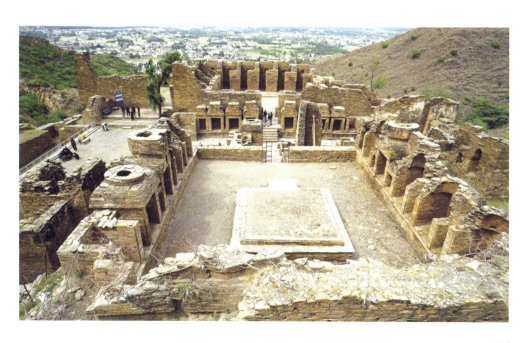

　　主佛塔周围的壁龛中供奉着大型的圆雕或高浮雕佛像和菩萨像，佛塔的基坛部分及塔身周围原来饰有大量的佛传或本生故事的浮雕嵌板，可以预见整个塔院的氛围宛如一个佛教雕刻的画廊。而现存大塔表面的浮雕嵌板早已进入博物馆，使我们很难推测出这些浮雕当初的排列方式（图11）。

　　所幸还有几座雕刻着系列佛传情节的小型奉献塔，可以帮助我们了解佛传雕刻的整体构成。在犍陀罗小型奉献塔中可以看到，基坛部分饰有一条佛传雕刻装饰

图 10
图 11

图 10　塔赫特·拜依佛寺的僧院和中央莲池

图 11　塔赫特·拜依佛寺的主佛塔和周围的像龛

带。浮雕从"燃灯佛授记"开始，蓝毗尼园树下"诞生"到"占相"、幼年、青年，再到"决意出家""悟道成佛"，再到"涅槃"以及之后的"荼毗""分舍利""起塔"等情节，将佛陀的一生以20～40个连续性的场面翔实地表现出来，这种叙事结构是犍陀罗佛传雕刻的显著特点。

二、《大唐西域记》所载佛本生窣堵波：以"燃灯佛授记""诃利帝（鬼子母）"为例

以佛传的叙事情节为内容，并以浮雕的形式连续镶嵌在塔基上，是犍陀罗佛教遗迹的主要内容之一。在这些佛传故事雕刻中，通常以"燃灯佛授记"作为佛传的开篇情节，这在中印度乃至其他佛教地区是十分罕见的内容。在犍陀罗本土和世界各地的博物馆所遗存的犍陀罗佛传雕刻中，"燃灯佛授记"的数量之多令人称奇，使得这一题材在佛传中显得格外重要。

围绕着经文而展开的犍陀罗雕刻"燃灯佛授记"恰如其分地表现出这些情节：故事场景发生在一座城的城门外。情节一：儒童（释迦牟尼的前世）向瞿夷买花的场景，瞿夷手执水瓶和莲花，儒童腰围鹿皮衣，手执钱袋与之交易；情节二：儒童将青莲花抛向燃灯佛的上方，莲花在佛陀上方停立；情节三：燃灯佛扬右掌为儒童授记；情节四：儒童双手合十作跪踞状陡然升空；情节五：儒童落地后稽首佛足为佛布发掩泥。白沙瓦和斯瓦特地区的犍陀罗雕刻"燃灯佛授记"，大约都选择了这五个情节。可以看出，与中印度的"佛传"雕刻相比，犍陀罗雕刻的叙事结构简单明了，与故事情节没有关系的人物、动物以及自然等背景雕刻均被省略到了极致（图12～图14）。

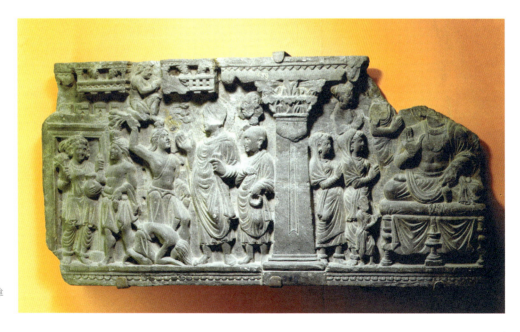

图12 "燃灯佛授记"浮雕（2～3世纪），白沙瓦博物馆藏

图13 "燃灯佛授记"浮雕
（2～3世纪），白沙瓦博物馆藏

图14 "燃灯佛授记"浮雕
（2～3世纪），美国大都会艺术
馆藏

图13

图14

在阿富汗艾娜克和贝格拉姆一带迦毕试故国遗址出土的，还有一种样式为独立纪念碑形式的"燃灯佛授记"雕刻。这种雕刻上缘呈拱形，且体量较大，并不与其他佛传雕刻相连。造像碑中燃灯佛身形高大，站立中央，左手执衣角，右手扬掌作"授记"状，上方有五茎青莲花。左下侧有儒童"献花"和"布发掩泥"两个情节，上方有"升空"的情节。人物缩到只有燃灯佛的三分之一大小。与白沙瓦和斯瓦特地区所流行的"燃灯佛授记"相比，通常没有"雇花"的情节。只有在日本美秀博物馆所藏的"燃灯佛授记"雕刻的右下角中有儒童向瞿夷买花的情节（图15）。造像碑下方有基座，基座上雕刻有不同题材的佛教人物。有的燃灯佛在两肩上有火焰，如同"双神变"（舍卫城神变）的佛像一般，被称为"焰肩佛"（图16）。这种带有"焰肩"的佛陀造像碑与白沙瓦、斯瓦特地区有所不同，被学者称作"迦毕试样式"。

据《大唐西域记》载：玄奘西行求法到达迦毕试国时，听闻迦腻色迦王降伏神龙的事迹。在迦毕试西北的兴都库什山顶有一龙池，内居恶龙，经常兴风作浪，摧林毁树。迦腻色迦王在山下所建伽蓝、窣堵波高百余尺，也被它毁坏。迦腻色迦王

图15 "燃灯佛授记"造像碑（3～5世纪），日本美秀博物馆藏

图16 "舍卫城神变"造像碑（3～4世纪），法国吉美博物馆藏

多次兴兵讨伐，都被龙王显神通，使兵马惊骇。于是迦腻色迦王大怒，"王乃归命三宝请求佛法加护。发愿曰：'宿殖多福，得为人王，威慑强敌，统赡部州。今为龙畜所屈，诚乃我之薄福也，愿诸福力于今现前。'即于两肩起大烟焰，龙退风静，雾卷云开。王令军众人担一石用填龙池，龙王还作婆罗门"。由国王身上出现火焰，引发到佛像身上出现火焰。通常的逻辑是，佛教艺术家在描述佛的神圣性的时候，自然而然地借鉴人世间的帝王形象。

"焰肩"的另一种说法，认为是受到琐罗亚斯德教影响。一个重要的证据是1979年在乌兹别克斯坦发现的壁画，壁画上画了发光发火的佛，并有铭文"玛兹达"。阿胡拉·玛兹达是琐罗亚斯德教的最高神祇。这个铭文说明画的形象既是玛兹达同时又是佛陀。宗教图像在彼此间互有影响多有发生，佛教也有可能借用琐罗亚斯德教的一些符号和来表现佛陀的神力。

在中国，十六国至南北朝时期也有焰肩佛出现（图17）。东魏、北齐佛像的背光中也有发出火焰的形象。这些通常被认为是受犍陀罗艺术的影响。

再来谈一下窣堵波："燃灯佛窣堵波"。

玄奘《大唐西域记》卷二"那揭罗曷国"条载："那揭罗曷国东西六百余里，南北二百五六十里，山周四境，悬隔危险。国大都城周二十余里。无大君长主令，

图17 焰肩禅定金铜坐佛（十六国时期），哈佛大学赛克勒美术馆藏

役属迦毕试国。丰谷稼，多花果。气序温暑，风俗淳质。猛锐骁雄，轻财好学。崇敬佛法，少信异道。伽蓝虽多，僧徒寡少，诸窣堵波荒芜圮坏。城东二里有窣堵波，高三百余尺，无忧王之所建也。编石特起，刻雕奇制，释迦菩萨值然（燃）灯佛敷鹿皮衣布发掩泥得受（授）记处。时经劫坏，斯迹无泯。或有斋日，天雨众花，群黎心竞，式修供养。其西伽蓝，少有僧徒。次南小窣堵波，是昔掩泥之地，无忧王避大路，遂僻建焉。"

"那揭罗曷国"中之"国大都城"，据英国考古学家康宁汉（Alexander Cunningham）考订，为今阿富汗贾拉拉巴德（Jelalabad）西南的贝格拉姆（Begram）。那揭罗曷国在古代佛教十分盛行，佛教圣迹也很多。燃灯佛的遗迹尤为著名。故《大慈恩寺三藏法师传》又称此城为"灯光城"或"燃灯佛城"（Dipavati）。而玄奘到此地时佛教已经式微。

《法显传》卷二"那揭国"条载："从此（那揭国醯罗城）北行一由延，到那揭国城。是菩萨本以银钱贸五茎华，供养定光佛（燃灯佛）处。"

玄奘《大唐西域记》卷二"那揭罗曷国"条载："（国大都城）城西南十余里有窣堵波，是如来自中印度凌虚游化，降迹于此，国人感慕，建此灵基。其东不远有窣堵波，是释迦菩萨昔值然（燃）灯佛于此买花。"

儒童向瞿夷所雇之花，在《太子瑞应本起经》《过去现在因果经》中称为"青莲花"，在《佛本行集经》中称"优钵罗华"。印度本土的莲花，共有红、黄、青、白四种，其中最珍贵者为青莲花。青莲花，梵文称作尼卢钵罗（Nymphaea nilotpala）或优钵罗（Utpala）。青莲花又称蓝莲花，因其花蕾的颜色呈蓝紫色而得汉译名。慧林《一切经音义》记载："优钵罗，唐言青莲花，其花青色，叶细而狭长，香气远闻，人间难有。惟无热恼大龙池中有。"

玄奘《大唐西域记》中载，在犍陀罗地区的呾叉始罗（今塔克西拉）国，离大龙池不远，月光王舍头处，是青莲花的胜地："城北十二三里有窣堵波，无忧王之所建也。或至斋日，时放光明，神花天乐，颇有见闻。"

玄奘所指"见闻"是先志所载的一个故事：有一妇人身患癞疾，至此窣堵波，见庭宇脏乱，便洒扫庭除，涂香散花。更是采来青莲花，重布其地。遂妇人身上恶疾除愈，形貌增妍，身出名香如青莲花。"舍头窣堵波"，据季羡林先生等考，遗址就是今塔克西拉以北八英里处的巴拉尔窣堵波（Bhallar Stupa）。

在塔克西拉、白沙瓦等地的佛寺遗址中，这种种植青莲花的莲池遗迹随处可见。

下面来谈另外一个窣堵波：化鬼子母（诃利帝）窣堵波。

玄奘《大唐西域记》卷二"健驮罗国"条载："（健驮罗国）梵释窣堵波西北行五十余里，有窣堵波，是释迦如来于此化鬼子母，令不害人，故此国俗祭以求嗣。"

在犍陀罗腹地的博物馆中还有许多半支迦与诃利帝的浮雕，其数量之多仅次于

"燃灯佛授记"。说明这种信仰在这里曾经盛行。

诃利帝，是梵文Hariti的音译，意译作鬼子母、爱子母、欢喜母。原为夜叉女，后归属佛教成为守护神。在佛教神话故事中，诃利帝是娑多大夜叉之女，她的丈夫半支迦（Pancika）也是夜叉。因她是五百鬼子之母，故称为"鬼子母"。在印度神话中，她初为恶神，专噉食人间小儿。后来在佛陀的感化下皈依佛法，抑恶从善，成为关心小儿疾苦，爱护小儿的护法神。所以又被称作"欢喜母""爱子母"。甚或百姓求子嗣也要供奉鬼子母，后来鬼子母的功用与观音菩萨有异曲同工之妙。诃利帝在玄奘《大唐西域记》中被称为"鬼子母"。诃利谛信仰自2世纪左右在犍陀罗兴起，并出现大量的造像。与佛教其他的神灵类似，诃利谛的这些造像也明显带有希腊文化的特征（图18）。

与"燃灯佛授记"一样，犍陀罗地区是诃利谛与其夫半支迦信仰的发源地，也是其造像的滥觞之地。《南海寄归转》卷一记载在古印度有供养"鬼子母"的习俗："西方（指古印度）诸寺每于门屋处，或在食厨旁，塑（素）画母形，抱一儿子于其膝下，或五或三，以表其像。每日于前盛陈供食。"说明在古印度，信奉和供养"诃利帝"的习俗十分盛行。

在巴基斯坦塔克西拉和白沙瓦一带犍陀罗地区的遗址，如马尔丹的塔克特·拜依佛寺遗址、邵什吉·达里（Shah-ji-ki-dheri）窣堵波等遗址，有许多"诃利帝"的雕刻遗存出土，时间大约在2～3世纪。这一地区的诃利帝通常是和其夫半支迦一同出现，服饰和风格受希腊影响。周围有数小儿围绕。由此可以推测，西北印度犍陀罗地区是诃利帝与其夫半支迦信仰的起源地，也是这种造像样式的诞生地。

图18 半支迦与诃利帝浮雕（2世纪），白沙瓦博物馆藏

三、文本与图像的传播

贵霜王朝是开启佛教的一个重要时期。彼时佛教发生了根本性的变化：大乘佛教的兴起，佛像、佛经、净土观念、阿弥陀信仰、弥勒信仰陆续出现。犍陀罗文明不仅产生了文本，也开启了佛教美术的新图像。由此可见，犍陀罗是许多文本和图像的滥觞之地。从发端于犍陀罗属地"燃灯佛授记"和"诃利帝"的图像在中国的传播可作一管窥。

从中国现存的有关图像中可以看出，"燃灯佛授记"的传播自西向东，直至中原地区（图19～图23）。

在古代中亚，诃利帝信仰十分流行，显然受到犍陀罗的强烈影响。有学者考证："诃利帝"（Hariti）一词的词源就来自古老的于阗文文书。由此，在新疆地区遗存的诃利帝的图像，从观念到样式上都可以与犍陀罗的造像相对应。例如，在新疆和田达玛沟托普鲁克墩3号佛寺遗址也出土的诃利帝和半支迦的壁画。诃利帝发髻高束，黑发披肩，右手置于胸前托一小儿，半支迦在其后与之相伴（图24）。

图19 ｜ 图20

图19　木雕"燃灯佛授记"（9～12世纪），法国吉美博物馆藏

图20　壁画"燃灯佛授记"（9～12世纪），新疆吐鲁番柏孜克里克第18窟，德国柏林亚洲博物馆藏

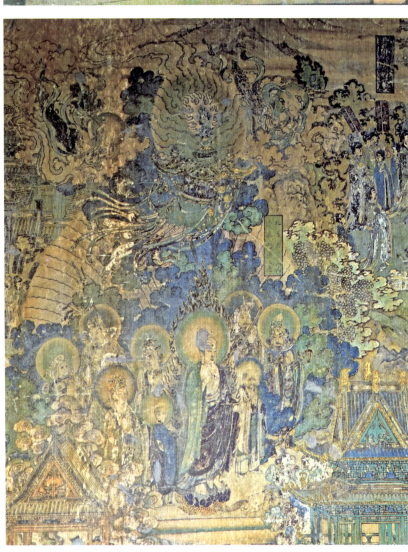

图21　绢画"燃灯佛授记"（唐代），
英国博物馆藏

图22　壁画"燃灯佛授记"（金代）

图21
————
图22

图23　绢画"燃灯佛授记"（宋代），辽宁省博物馆藏

图24　壁画"般支迦与诃利帝"（8世纪），新疆和田达玛沟佛寺遗址出土

图23
─────
图24

　　再往东，鬼子母的图像虽然在中国各地历朝历代的美术作品中多有遗存，半支迦的形象却消失了，只留鬼子母和数小儿（图25、图26）。

　　在佛教文本与图像两个方面的发展中，贵霜王朝在这个进程中扮演了无可取代的角色。犍陀罗文明对世界的贡献主要有二：其一是犍陀罗风格的佛教艺术；其二是佉卢文撰写的佛教和世俗文书。犍陀罗文明始终没有止步犍陀罗地区，它向西影响了阿富汗巴米扬石窟；向东越过葱岭进入中国塔里木盆地乃至中原，影响了北魏的佛教艺术；又经由朝鲜传入日本，影响到日本飞鸟时期的建筑、雕刻；另一支则

向南传到缅甸、暹罗、交趾等地。因此，犍陀罗文明对佛教的文本和图像的产生与传播的影响巨大而久远。

　　大乘佛教在犍陀罗兴起后，经中亚越过葱岭从塔里木盆地进入中国。从犍陀罗到新疆、敦煌，直至中原，这些佛教图像走过了漫长的路程。今天，我们依然可以看到它们之间的一脉相承。丝绸之路既是一条物质和商贸之路，也是信仰和思想之路，同样是各大权势纵横捭阖的征服和对抗之路。深入探讨犍陀罗和贵霜的历史，将丰富我们对佛教史、中国史乃至丝绸之路历史的新认知。

图25　壁画"鬼子母与小儿像"（明代），北京法海寺北壁

图26　绢画"鬼子母揭钵图"
（明代），美国弗里尔博物馆藏

卢秀文 / Lu Xiuwen

敦煌研究院副研究员，西北师范大学兼职教授。主要从事石窟考古与敦煌古代服饰研究。承担完成兰州大学、西北师范大学教育部人文社会科学研究项目《敦煌供养人服饰研究》《敦煌石窟妇女妆饰研究》及敦煌研究院课题等。

首饰溯源的考古发现与研究
——以敦煌壁画妇女首饰发钗为例

卢秀文

引言

古代妇女首饰丰富多彩，除了发簪，尚有发钗。因此，笔者在调查洞窟的基础上，通过对发钗名称、使用方法、料质、源流以及敦煌妇女首饰在西北地区表现形式等的考察，并结合历代诗词、史料以及考古发掘的图例考释，说明发钗在中国服饰史上的发展和变化。

一、钗之名称、使用方法、材质

（一）钗之名称

"钗"字最初被写成"叉"，即因为其造型与枝杈相似。《释名·释首饰》称："叉，权也，因形名之也"。敦煌遗书斯6273号《出家讚》记："舍利佛国难为，吾本出家之时，舍却钗花媚子，惟有剃刀相随。"从这句话中可见发钗是首饰的一种。

（二）钗之用途

发钗和发簪都是用来盘头束发的饰品。过去尚有学者将发钗和发簪二者混同，认为是同一种首饰物，只是名称不同。然而在用途上二者也有差异，除了使用的方法有所不同之外，在使用功能上，发钗主要起装饰作用，而发簪则多用于固发。另外，二者的结构也有所不同，《中华古今注》云："钗子，盖古笄之遗象也。""钗"本从笄、簪，是在笄、簪的基础上发展演化而来。

发钗通常做成双股，由两股细似针的簪子合成，钗首之上有孔，多垂步摇；而发簪则做成一股，是一种似长针的饰物。"钗""簪"均以妇女顶首装饰纹样而定名。考古发现钗的种类有多种，亦是根据钗顶造型而名之。"钗"从形状上分有凤顶形钗、鸟顶形钗、花顶形钗、草叶顶形钗，还有圆顶形钗等（图1）。

关于钗，古诗文中描写颇多。其中凤钗有唐代杨容华的《新妆诗》："凤钗金作缕，鸾镜玉为台。"北宋女词人李清照："烛底凤钗明，钗头人胜轻。"（《菩萨

图1　敦煌莫高窟中、晚唐第
144窟女供养人，杨森临摹

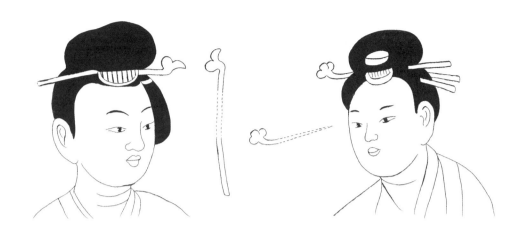

蛮·归鸿声断残云碧》)"山枕斜敬，枕损钗头凤。"(《蝶恋花·暖雨晴风初破冻》)
等。除凤钗外，还流行"金雀钗"，《古诗源·美女篇》有："头上金爵钗，腰佩翠
琅玕。"唐白居易《长恨歌》有："花钿委地无人收，翠翘金雀玉搔头。"其他也有
"燕钗""盘桓钗""鹦鹉钗""玳瑁钗"等。

（三）钗之料质

钗一般双用，即斜竖插于头顶和发际两旁。通常以料质为名，钗的制作材质，
最早以竹为之。继有玉钗、象牙钗、金钗、银钗、宝钗、凤钗、珊瑚钗、翡翠钗、
琥珀钗、玳瑁钗，以及琉璃钗、铜钗、木钗、骨钗、荆钗等。钗头雕饰形象或纹
样，以花鸟题材居多，但也有以仙人楼阁为钗簪的。

根据料质来看，金钗的使用较多，不仅贵族妇女插戴，良家女子亦插之。此
外，庶民所用的发钗最初为荆钗，因用荆条制成，故称荆钗。"荆钗"，盖木制之
钗，多为贫家女所插戴。士庶女子的钗，仍多用银、铜等制，也有鎏金的；贫家女
则用木制钗。

二、钗之溯源

钗的使用最早要溯源到上古时期，人类用动物的肢骨、象牙以及玉石等材料制
作发饰。到商周时期，我国的冠服制度初步建立并逐步走向完善，这时的头冠上已
有了玉石、象牙等制成的似钗饰物，"舜时妇人始作首饰"。《二仪实录》载："女娲
之女以荆杖及竹为笄以贯发，至尧以铜为之，且横贯焉。舜杂以象牙玳瑁，此钗之
始也。"说明早在远古时期就已有发钗的传说。考古发掘，甘肃河西、山西汉墓中
有发钗出土，如甘肃武威磨咀子墓出土的一具女尸高髻上插竹发钗一枚。

秦代的凤钗，到汉代发展为以凤凰形象为主的冠饰，为太皇太后、皇后祭祀时
所戴。这时皇后凤冠上插各种珠钗饰物。尽管这些饰物不连缀于冠而安插于帼，但
这种以凤凰饰首的风气，实为后世凤冠的发源。

汉代发钗的形成，有两方面的原因：一是从东汉末期，贵族妇女流行"马后四起大髻"，钗簪均少使用，而在乐伎或女性婢仆发髻上则反而出现满头珠翠，其金银饰物更明显地在发髻间外露，这种风俗一直影响到后世。另一方面，汉末在中国社会上出现了妓女，据说是以"营妓"的形式出现的，意在"犒劳"获胜的将士。此后，姬妾、声妓日益繁盛，并由军中传到民间，至魏晋南北朝时期，妓女的数量已达到高峰。这些宫廷姬妾和妓女讲究修饰，衣着日趋奢华，髻上饰不同料质的发钗。这种风尚对当时民间妇女影响之大超过了前代，使得人们的审美观从质朴渐趋于炫华，从自然日渐趋于雕饰。

魏晋南北朝时期，社会动乱，礼制解体，人们的日常生活多较简朴，衣着随心所欲，甚至连文臣武将、名士高人的衣着也是自出心裁，变化无定，因而服饰名目繁多，形制不一。特别是这一时期在老庄学说的基础上形成并风靡一时的魏晋六朝玄学和逐渐传播开来的服饰文化，对当时的社会有一定的影响，在人们的装扮和生活方式上都留下了深刻的痕迹。这时出土了数量较多的妇女饰品，如金钗、银簪、银链、琥珀珠、琉璃珠等。例如，四川昭化古乡六朝墓出土了长27.5厘米的铜钗，是一种"长钗"，全体无饰。东晋时期的南京象山王氏墓群3号墓出土的妇女饰品有十三件金钗、四件银发簪、八支银环，以及银链、琥珀珠、琉璃珠和几十粒珍珠，出土的琥珀珠、琉璃珠和珍珠在发钗上作步摇。这时钗顶图案也有变化，形制大多沿袭汉代旧制。

另外，魏晋时期少数民族入居中原，与汉族人民在长期的生活中，互相融合，互相学习，互相促进生产技术、文化思想乃至风俗习惯的融合，包括首饰、衣冠在内。1975年以来，考古发现在哲里木盟（今通辽市）科右后旗和科左中旗多次发现鲜卑墓葬，出土的饰件有银钗、金扣等。1981年，在包头市达茂旗发现金饰物5件，有鲜卑贵妇的金钗、步摇等，可见少数民族亦按汉族人的习惯在发髻上插钗簪饰物。

北周统一，对妇女妆饰用严格法令加以限制。《周书·宣帝纪》载："禁天下妇女皆不得施粉黛之饰，唯宫人得乘有辐车，加粉黛焉。"在这种风气的影响下，隋代妇女首饰不及南北朝富于变化，而传统首饰在民间逐渐消失，胡服则成了社会上普遍的装束。

三、敦煌妇女发钗

（一）隋唐时期的敦煌妇女发钗

581年，杨坚篡北周自立，建立隋王朝（581—618）。文帝开皇九年（589年）灭陈统一南北，结束了东晋以来长期分裂的局面。自隋文帝统一，经过唐朝的统治和五代十国的割据，到960年赵匡胤代后周建立赵宋王朝，历经370多年。隋朝建立政权，为唐朝的建立打了基础。隋文帝时，帝王百官、皇后、皇太子妃、内外命妇服饰都有严格的规定。隋代衣冠服制，基本上是沿袭汉晋旧制，至隋炀帝时才制定本朝服饰制度。这一时期，妇女发髻上的饰物比前期有所发展。

隋代对命妇之服规定，一般戴冠必饰"花钗九树"，以致隋朝妇女首饰出现了不同的风格。贵妇妆饰华丽，而一般女子梳妆简补。我们从敦煌壁画中可见实例，如敦煌莫高窟隋第295窟西龛有三组贵妇与侍女，第一组贵妇梳偏髻、饰金钗，还在髻下衬以簪钗等物，使发髻前端高翘（图2）。

总的看来，隋初服饰比较朴素，自隋炀帝起，社会风气才发生变化。隋炀帝以纵情享乐、奢侈淫逸而著称，在服饰上也反映明显。民间盛传隋炀帝下江南时，命数百宫女着彩绸衣，饰各种花钗。隋炀帝在民间广选民女，填盈后宫，此为开中国历史上选秀之先例。隋宫的几千名宫女，争奇斗艳，首饰华丽，珠光面闪，彩锦绕身，民间妇女便竞相仿效，极力模仿"宫装"，可以想见上行下效而风靡一时，一直到唐代还是如此。

唐代处于中国封建社会的鼎盛时期，反映在服饰方面是上层贵族十分讲究，尤其是妇女首饰之盛可谓空前，在冠服的形制和思想上都比较开放。另外，唐代对外交流频繁，首都长安不仅是政治、经济中心，而且也是文化交流中心，各国使臣、商旅往来不绝。这一切无疑促进了妇女首饰的发展，并达到了中国古代妇女妆饰史上富丽与雍容的顶峰。

唐朝命妇服用礼服要有专门的首服与之相配。当时妇女除了化妆和衣装的讲究外，其次就是重视首饰的使用。这时的首饰品丰富多样，用时将其横插、斜插、对

图2　敦煌莫高窟隋代第295窟西龛下女供养人

插，既适合于固定发髻，又呈现出审美形态，故而贵重的金银钗使用也十分广泛。

唐初敦煌妇女的装扮总体来说还是一种健康、秀丽的美，从发髻上面的饰物看有两种特点：第一种发式呈一种高耸、挺拔之势，且在形式上比较简洁，均无珠翠、发钗、梳子等首饰；第二种开始流行各式各样的髻鬟，千姿百态，在这些髻鬟之上，又饰各种金钗、银钗等饰品。此时的妆饰风格处处体现出人们的重视程度。莫高窟第231窟东壁贵妇梳花髻，上饰花钿、小梳，左侧饰发簪，右侧额前之上的梳子中，插一支双股云顶形发钗（图3）。

从唐代盛期（唐玄宗开元、天宝年间）起，政治、经济快速发展，对外关系达到开国以来前所未有的高峰。这时的服饰制度《武德令》记："皇后服有袆衣、鞠衣、钿钗礼衣三等。袆衣，首饰花十二树，并两博鬓，其衣以深青织成为之，文为翚翟之形。"盛唐以后贵族妇女流行各种高髻，为首饰的繁盛提供了契机，从这一时期的敦煌壁画看，妇女首饰钗、簪极为盛行。

莫高窟盛唐第217窟北壁贵妇身型丰满（图4），戴宝冠，冠侧插一枚金钗，身穿礼服，展示了唐代女性健康而淳厚的美感。除此之外，当时南唐后妃、宫女以及高官贵族妇人的首饰等，也竞相追逐奢侈豪华。考古发现合肥西郊南唐墓出土的遗物就有金钗，金钗的上端是展开的一对似鸟的翅膀，镶着精琢的玉片，满饰银花，嵌着珠玉的穗状串饰分组下垂，可以摇动。两件金钗制作精致，在钗顶制作翅膀是这个时期发钗的一大特点。

由莫高窟初唐第231窟东壁贵妇梳花髻可知，盛唐敦煌首饰艺术发展成熟，壁

图3 ｜ 图4

图3 敦煌莫高窟中唐第231窟贵妇与侍女

图4 敦煌莫高窟盛唐第217窟北壁贵妇

画中的妇女首饰具有强烈的装饰意味，色彩的表现重视叠晕和渲染，服饰的色彩格外丰富、厚重。敦煌莫高窟盛唐第130窟女供养人和都督夫人花钗礼服，体现出成熟女性的风韵（图5）。

唐代妇女雍容华贵，特别是命妇更是花钗饰首，礼服体制达到了顶峰。然而唐朝也有妇女看破红尘出家为尼，她们剃度，脱去宫装，换上僧装，以表出家的决心，如敦煌壁画第445窟尚有剃度出家的妇女（图6）。

自安史之乱后，唐朝的政治开始日趋腐朽，宦官专权，朋党之争，再加上内外相争，使唐朝走向了衰退。此时的社会经济虽然遭遇了严重的破坏，但与其他朝代相比仍然强盛。因此，中晚唐妇女的服饰不仅没有比盛唐趋于衰落，反而更加富丽堂皇、雍容华贵，特别是命妇更是花钗九树，金银饰之。

这时妇女在发式方面，一改初唐时期的挺拔俊朗、简洁之美，而代之以花钗，金银杂宝为饰。此时女子在高髻之上用钗的种类很多，有一种金银钗作花朵形，当时称之为"钗朵"。这种金银钗以镂花见胜，唐墓也有出土，其形与敦煌唐代妇女发钗相似。广州皇帝岗唐代木椁墓中也出土了一批金银首饰，其中有花鸟钗、花穗钗、缠枝钗、圆锥钗，运用模压、雕刻、剪凿等方法做出精美的花纹，每一钗朵都是一式二件，结构相同而图向相反，以便左右成对插戴。

图5　敦煌莫高窟盛唐第130窟
女供养人，段文杰临摹

图6　敦煌莫高窟盛唐第445窟
弥勒经变中之剃度

图7　敦煌莫高窟中唐第468窟
贵妇与侍女

图6

图7

　　西安地区也出土不少唐代金银饰，其中就有几件很有特色的鎏金银钗，钗高都在37厘米左右，出土于西安南郊惠家村唐大中二年（848年）墓中，钗头部有的饰以镂空飞凤，也有的饰菊花形图案，制作精细。马缟在《中华古今注·头髻》"梁翼盘桓钗"条中记："长安妇女好为盘桓髻"，头上插有多支钗，见敦煌莫高窟第468窟中唐西壁贵妇（图7）。

　　当时还有在高髻上插满钗簪、着长裙作舞蹈状的舞伎，她们髻鬟之上的钗簪造型不一，有的形如花卉、有的形如凤鸟、有的形如植叶、有的形如祥云等。这些钗、簪的名称，我们不可能仅作为研究古代女子首饰的依据，须参酌一些史料，与出土文物加以印证，尽量得出一个比较确切的结论。此外，有的发钗造型，史料中并没有记载，一些名称也多为后人根据其形状而命之，为了便于说明，我们也暂从其说。

　　我们还可从周昉《簪花仕女图》中略见姿态（图8）。画中仕女画像，华贵而又庄严大气，是对宫廷贵妇人的模仿，仕女着大袖对襟、长裙。在高髻之上饰金钗、银钗、珠玉、翡翠饰物，形成自然美与人造美的对比。

　　晚唐工艺技术的发展，为了适应发髻的需要，妇女首饰制作多有变化，钗顶形制多样，并且还镶嵌各种金、玉、珠宝，显得更为精致华美。莫高窟晚唐第156窟《宋国夫人出行图》中的宋国夫人首饰高髻上饰钗、梳，反映了我国西北地区的民情风俗和社会时尚（图9）。

图8 《簪花仕女图》局部（唐代）

图9 敦煌莫高窟晚唐第156窟，《宋国夫人出行图》主要部分，段文杰临摹

图8
———
图9

该窟又有五身乐女，高髻上插的梳子与唐墓中的妇女梳子相似。另外，唐朝还流行铜梳子。甘肃唐代武威出土的鎏金铜梳（图10），长14.4厘米，宽12.2厘米，表明边陲与内地的文化交流因素。

古时用钗，开始只是在发髻上插单枚，后来发展成在高髻上插满钗簪。《敦煌变文》中描写女子："金钗玉钏满头妆，锦绣罗衣馥鼻香。"说明女子发髻上多饰金钗。如莫高窟第138窟为节度使张承奉所建的洞窟，此窟东壁贵族妇女戴九支花钗冠，按唐朝礼制规定，属于一品夫人（图11）。

又见莫高窟晚唐第9窟女供养人像（图12），头饰花钗冠。所谓花钗冠，是指冠上饰多支金钗等饰物，穿花钗礼服。

唐代内外命妇朝参多配花冠，"钿钗礼衣"。说明唐代妇女穿礼服，饰花钗者多为贵族夫人、御女、采女、女官等，唯无首饰，表现出等级制度的不同，服饰也不同。另外，唐代大量的金银首饰破土而出，涉及面广泛。出土的金钗，反映了唐王朝对金银的重视，成为我国艺术宝库中绚丽夺目的奇葩，在金银工艺发展史上有其极为重要的地位，并对以后金银首饰的制作有着深远的影响。

图10　鎏金铜梳（唐代）甘肃武威出土

图11　敦煌莫高窟晚唐第138窟郡君太夫人

图12　敦煌莫高窟晚唐第9窟女供养人

| 图11 | 图10 |
| | 图12 |

（二）五代及宋时期的敦煌妇女发钗

五代十国是唐末封建军阀割据的继续。其服制在前代的基础上，按照等级制度的差别有各种严格的规定。官服大部分是沿袭初唐服制，因此宫中的官服也与前代相仿。皇后、贵妃至各级命妇的"公服"均配花钗礼服，见莫高窟五代第108窟东壁贵族妇女配饰（图13），榆林窟五代至宋初第16、19窟等壁画中的贵族妇女配饰（图14、图15），显示了我国古代妇女的装饰美。

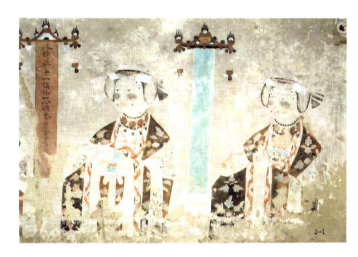

图13 图14
图15

图13　敦煌莫高窟五代第108窟贵族妇女

图14　榆林窟第16窟甬道曹议金夫人回鹘公主供养像

图15　榆林窟五代宋初第19窟凉国夫人

　　五代时期，妇女发髻又逐渐增高，并在上面插花朵，为宋初花冠的流行开创了先河。从敦煌石窟资料来看，宋以后还有一种回鹘首饰流行于宫廷和上层贵族妇女中，这种首饰为头戴缀满宝饰的桃形金凤冠，如莫高窟五代第98窟于阗王后供养像（图16），头戴桃形花钗凤冠，鬓两侧各插三枚半圆形的双股发钗，钗以金制成，镶着精琢的玉片，满饰枝叶。从绘画上看，这位皇后凤冠为金冠，是用镂雕錾花的鎏金片连缀而成，冠顶圆形，正面镂雕凤鸟，立于莲花座上，冠下底座有莲花，为镂空六瓣花叶形底座，边缘有卷云，莲座两侧各饰发钗。这几枚发钗虽是用绘画的形式显现，但画中可见似用剪凿、模压等方法制成。每一钗朵结构相同，以便左右成对插戴，显得更为精致。鬓发抱面，项饰瑟瑟珠，身穿大袖衫，红色通裾长袍，衣领和袖口上绣凤鸟花纹，表现出王后服饰的奢侈豪华。

　　莫高窟五代第61窟回鹘女供养像发冠上饰品多样（图17）。此窟多身天公主供养像皆梳高髻，戴桃形凤冠、插金钗，钗顶还镶嵌各种珠宝，表现了五代、宋时的敦煌回鹘女供养人追求衣装华丽、首饰多样的妆饰风格。回鹘与唐朝一直保持友好

图16 图17

图16　敦煌莫高窟五代第98窟于阗国王后曹氏供养像

图17　敦煌莫高窟第61窟回鹘女供养人

关系，以致大量回鹘人随着频繁的联姻、贸易往来而入居敦煌。回鹘习俗风情也浸入中原，对于对外来风尚十分敏感的长、洛两京人来说，自然很快地接受并渐染成俗了，更何况王朝宫廷亦为倡导。五代、宋以后仍有发钗出土，此时的发钗形制仍出现两股，与前代相比，这个时期的钗股间距较窄，两股紧贴，适应夹紧头发，以免脱落。

宋代以后，敦煌回鹘公主供养像也有戴花金冠的，这种冠饰与吐鲁番柏孜克里克石窟第32窟主室前壁绘两身回鹘公主供养像相似（图18）。此幅回鹘公主供养像已被外国人剥去，现存于德国柏林印度艺术博物馆。柏孜克里克石窟的喜悦公主头戴镂刻花纹的金冠，乌发两侧挽成双层鬓发，发髻上插金钗，用簪固定，还有步摇、云纹金镂饰片。两身回鹘公主的头冠，与莫高窟第148窟的回鹘女供养人的头冠配饰基本相同。

图18　新疆柏孜克里克石窟第
32窟回鹘公主供养像

　　宋朝一些京城的贵族女子，除选择衣料考究外，还重视梳妆，凤冠、额鬓、扎发垂肩，在发髻上多用钗簪，民间女子亦多仿效。宋代贵妇，用金银珠翠制成各种花鸟凤蝶形状的钗簪、梳篦插在发髻之上，其制繁简不一，视个人条件而定，说明宋朝妇女十分重视首饰，不分贵贱。

　　以往学界观点认为，宋代服饰风尚趋于比较拘谨和保守。这与当时政治、经济和思想文化都有密切的关系。当时程朱理学居于统治地位，在这种哲学思想的指导下，人们的美学观点也相应变化，这便影响了妇女服饰。宋代当时整个社会舆论主张服饰不宜过分豪华，而应崇尚简朴，尤其是妇女的服饰，更不应当奢华。绍兴五年（1135年），宋高宗对辅臣说："金翠为妇人首饰，不惟靡货害物，而侈靡之习，实关风化。已戒中外，及下令不许入宫门，今无一人犯者。尚恐士民之家未能尽革，宜申严禁，仍定销金及采捕金翠罪赏格。"淳熙二年（1175年），宋孝宗又宣示中宫说："珠玉之属，乃就用禁中旧物，所费不及五万缗，革弊当自宫禁始。"可是侈靡之风无法杜绝，所以宁宗嘉泰初年，只好把宫中妇女所用的金银首饰，在街衢点火燃烧，以此警示贵近之家，若再违犯，必加惩罚。但是，这些禁令只施于士民百姓，而那些贵族命妇仍是金玉珠宝。这一时期敦煌壁画中的贵族女子大多戴凤冠和八瓣莲花宝冠，冠座上饰花钗、宝珠，见藏经洞北宋绢画父母恩重经变中的妇女（图19）。

图19　北宋绢画父母恩重经变中妇女

莫高窟宋第454窟南壁节度使曹延恭夫人头戴凤冠（图20），冠两侧各插两枚花钿，冠前有三对梳子。发中的花钿之下有两枚尖顶型发簪，上有菱纹装饰，另有一枚花头钗插于右侧发之上，额前有一枚花钿饰物，两鬓抱面。从该窟女子妆饰可见，这时敦煌妇女对首饰的讲究已达到极高的程度。

回鹘贵族妇女礼服，除了头梳椎状的回鹘髻外，还戴珠玉镶嵌的桃形卷云冠，钗簪双插两侧，博鬓上饰花钿，耳旁及颈部佩戴金玉首饰，身穿弧形大翻领窄袖长裙，脚穿笏头履。还有的戴镂刻纹饰的桃形金冠，并插发钗和步摇。头后结有红色绥带，饰花钿，应是对汉族妆饰的模仿。榆林窟第20窟新剥出的甬道北壁"武威郡夫人阴氏"供养人像高148厘米，头戴凤冠，两鬓抱面，金钗插在冠的两侧，十分精致。武威郡夫人面贴花子，身穿大袖襦裙，披帛，手捧香炉。衣冠服饰及形象特征与莫高窟五代、宋时期曹家窟所绘的女供养人服饰基本相同。因此有学者认为，第20窟甬道新发现的供养人应该是瓜沙曹氏后期的归义军首领曹延禄及其夫人，其主室重绘壁画也不是五代而是宋代重绘。根据新发现供养人画像所在的甬道及主室门南、北两侧壁画层面的结构，判断它们属于同一层壁画，为同时期所绘制。另见莫高窟第256窟宋东壁贵妇花钗礼衣（图21）、莫高窟第192窟宋东壁贵妇服饰（图22）。

图20 │ 图21 │ 图22

图20　敦煌莫高窟五代宋初第454窟节度使曹延恭夫人

图21　敦煌莫高窟宋代第256窟东壁贵妇花钗礼衣

图22　敦煌莫高窟宋代第192窟东壁贵妇服饰

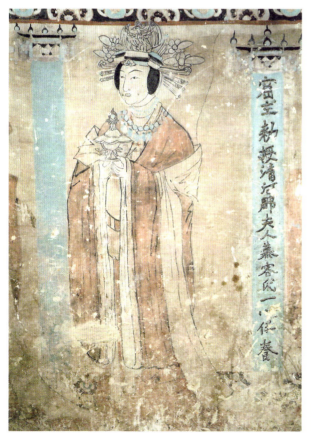

从上述敦煌壁画节度使曹延恭夫人、于阗公主、归义军首领曹延禄及贵夫人等首饰看宋高宗禁令："金翠为妇人首饰，不惟靡货害物，而侈靡之习。"可见，这些禁令只限制了民众，而那些贵妇仍是金玉珠宝、钗簪翡翠布满于首、不绝于身。实际上，奢靡之风乃产生于宫中而不在士庶之家。

（三）少数民族政权时期的敦煌妇女发钗

西夏和元代是我国少数民族建立的政权。西夏时期，党项族统治者与回鹘人同信佛教，交往频繁。因受多边民族的影响，十分重视妇女妆饰，反映出少数民族的特点。如榆林窟第29窟西壁门北侧《那征女禅师修行图》北侧的两层女供养人画像（图23），据考证她们是前述沙州监军使赵麻玉家眷的供养画像。女供养人们均双手合十，头戴四瓣莲蕾形金珠冠，将高髻罩住，额上、两鬓、脑后头发露出冠外。莲蕾形金珠冠有黑、红、紫等色，冠檐及冠梁均有金珠装饰，冠右后侧伸出一支花钗，双耳垂耳坠，整体妆饰具有鲜明的民族特点。

图23 榆林窟西夏第29窟女供养人

结语

上述的描述，主要分析了敦煌石窟中世俗女性的发钗，如供养人中的贵妇人、仕女以及故事画中的劳动妇女等，她们是当时妇女首饰形象的真实记录。总之，上述对发钗流变的分析说明，古代妇女首饰文化，是中华民族服饰发展史的一部分，是中华民族多元文化的融合，并最后汇聚于中华的历史见证中。

崔 岩 / Cui Yan

北京服装学院敦煌服饰文化研究暨创新设计中心助理研究员、博士。主要研究方向为敦煌服饰文化和传统染织艺术。独著《敦煌五代时期供养人像服饰图案及应用研究》，合著《常沙娜文集》《红花染料与红花染工艺研究》等。曾在《敦煌研究》《艺术设计研究》《丝绸》等核心期刊上发表多篇学术论文。主持教育部人文社会科学研究青年基金项目"敦煌唐代供养人像服饰图案研究"；主持清华大学艺术与科学研究中心柒牌非物质文化基金项目"中国传统红花染工艺研究""中国传统紫根染工艺研究"。骨干参与国家社会科学基金艺术学重大项目"中华民族服饰文化研究"、国家社科基金艺术学项目"敦煌历代服饰文化研究"、国家艺术基金"敦煌服饰创新设计人才培养项目"等。第三届丝绸之路（敦煌）国际文化博览会"绝色敦煌之夜"服装展演主创设计师之一，设计作品曾参加国内外多项展览。

随色象类·曲得其情
——敦煌服饰艺术再现研究

崔　岩

引言

"随色象类，曲得其情" ❶ 是东汉文学家王延寿所作《鲁灵光殿赋》中形容宫室绘画的词句，意思是以色彩和造型贴合物形，彰显其神韵和情趣，本文借以指代敦煌服饰艺术再现的研究过程和成果，以期研究成果达到如此境界。

近年来，由北京服装学院、敦煌研究院、英国王储基金会传统艺术学院、敦煌文化弘扬基金会合作成立的敦煌服饰文化研究暨创新设计中心，在敦煌历代服饰文化研究的基础上，结合丝绸之路（敦煌）国际文化博览会展演项目，研究、设计、制作了数十套敦煌服饰艺术再现作品，受到社会的广泛关注（图1）。基于以上理论基础和实践经验，本文将主要围绕敦煌石窟历代壁画中的典型人物服饰形象，佐以历史文献考证和服饰纺织品文物对比研究，综合理论研究、工艺技术和展演造型等

图1　2018年第三届丝绸之路（敦煌）国际文化博览会"绝色敦煌之夜"展演现场

❶ 赵逵夫：《历代赋评注》，成都：巴蜀书社，2010：809。

因素，阐述敦煌服饰艺术再现的研究过程和成果，明晰敦煌服饰艺术再现的学术意义和实践价值。

一、理论研究

敦煌服饰艺术再现是建立在深厚理论研究基础之上的一项实践性研究工作。在进行艺术实践之前，对敦煌服饰文化进行全面的理论研究是必不可少的步骤。按照敦煌服饰文化所涵盖的丰富内容以及敦煌服饰艺术发展的脉络规律，研究团队从敦煌石窟的历史背景、典型人物形象、服饰历史等三个方面，展开由宏观到微观、由博大到专业、由整体到个体的理论研究，为进一步进行艺术实践提供坚实的理论支撑。

（一）敦煌石窟历史背景的研究

敦煌位于中国甘肃省河西走廊西端，是古代丝绸之路上的重镇和中外文化、经济、宗教的交流荟萃之地。随着佛教由古印度传入中国，其信仰、思想、艺术、文化东渐并与中国本土传统融合发展，形成独具魅力的佛教石窟艺术，敦煌石窟便是其中极为杰出的代表（图2）。

敦煌石窟是莫高窟、西千佛洞、安西榆林窟、东千佛洞等石窟群的总称，其中莫高窟是敦煌石窟的代表窟群。莫高窟现保存有壁画、彩塑、建筑等艺术遗迹的编号洞窟共492个，壁画面积达45000多平方米，彩塑3000余身，唐宋木构窟檐建筑五座。其开凿和营建时间始于前秦建元二年（366年）、终于明嘉靖年间（1522～1566年），绵延千余年，横跨10个朝代。1900年，莫高窟第16窟（藏经

图2　敦煌莫高窟九层楼

洞）中丰富遗珍的发现令学届震惊，并逐渐形成了以研究藏经洞出土文物和莫高窟艺术的"敦煌学"。可以说，敦煌石窟是反映中国中古时期文化交流、宗教信仰、艺术风格、生产技术等诸多方面的物质和精神宝库。

对敦煌石窟历史背景的研究，明确了敦煌服饰艺术所处时代及相关文化背景，形成了以石窟开凿数量最为可观的唐代为研究主体、以五代时期之后多民族和谐共融的服饰面貌为表现特色的研究思路，为下一步进行典型服饰人物形象选择奠定基础。

（二）典型服饰人物形象的研究

敦煌石窟中包括内容丰富、数量众多的服饰人物形象，按照人物身份进行区分，大致可分为佛国人物服饰艺术和世俗人物服饰艺术两大类。前者指的是石窟中具有佛教意义形象的服饰，例如，佛陀、菩萨、天王、诸天、弟子、力士、飞天、伎乐人等。这些人物形象的服饰大多依据生活实际，加以想象和夸张手法进行艺术表现，有的保留了印度古代服饰的特色，有的以世俗贵妇、武士等服饰为基础加以变化。世俗人物服饰艺术主要指的是故事画、经变画、史迹画中的世俗人物，以及供养人画像（图3）。这些人物形象的服饰大多来源于真实历史，尤其是供养人作为出资或赞助敦煌洞窟开凿、佛教造像和壁画绘制的主体，其画像具有相对的写实性，至敦煌石窟晚期更发展成为壁画的主体内容之一。

在全面考察和分类的基础上，研究团队在典型服饰人物形象的选取方面，尊重历史事实和艺术规律，以敦煌石窟壁画中的供养人画像为主，重点研究敦煌石窟晚期壁画中数量众多、身形高大、描绘细致的供养人画像，同时兼顾时代属性、性别特征、身份地位、民族差别等多种维度和层面，试图从服饰艺术的角度反映敦煌作为丝绸之路重镇所凸显的多元文化融合的历史特质。

（三）服饰历史的研究

除了对敦煌石窟历史背景和典型服饰人物形象进行研究之外，还需充分利用和研究与敦煌服饰艺术相关的舆服志、诗词、笔记、陶俑、石刻、纺织品等丰富材料，与石窟壁画等图像资料相互补充、彼此印证。正如沈从文先生所写："壁画中保存反映社会生活部分也具有承先启后作用，可以证明文献，并丰富充实文献所不足。例如，唐《舆服志》叙述社会上层妇女冠服制度，衣裙锦绣的应用，及头上大量花钗、步摇的安排，在传世画迹中多不具体。墓葬壁画和陶俑，照习惯又多只是婢仆、乐舞伎，少见官服盛装全貌。即在敦煌，盛唐时期壁画也还限于习惯，一般供养人多画得比较简单，所得知识也就不够全面。而到中晚唐、五代时，却由于统治者的权威感，留下大量完整无缺的图像材料，既可窥盛唐官服面貌，也可明白宋代这民服来源。"❶

---

❶ 沈从文：《中国古代服饰研究》，上海：上海书店出版社，2011：393。

图3　敦煌莫高窟五代98窟甬道
南壁及主室东壁门南供养人像

　　沈从文先生的研究充分说明了敦煌服饰艺术与中国服饰历史之间相辅相成的密
切关系。由于服饰在中国历史上具有教化、德行等重要的政治和文化象征意义，历
代正史中的舆服志大多记载祭祀、狩猎、出征等重大礼仪场合的服装系统，即皇家
后宫、大臣命妇等社会权贵阶层的礼服，而对于普通阶层、少数族裔、边疆地区等
服饰关注较少。所以，加强此领域的研究，一方面越发凸显敦煌服饰艺术资料的宝
贵性和独特性，另一方面，可以对敦煌与中原地区服饰历史发展的统一关系给予正
确客观的认识。

二、工艺技术

　　在深入研究敦煌服饰艺术时代背景和历代服饰发展历史的基础上，进行敦煌服
饰艺术再现实践创作，需要面临和解决诸多工艺技术难题。研究团队着重在服装结
构解析、纹样整理、面料织造、色彩染制四个方面进行深入挖掘，探索从壁画平面

绘制到现实立体再现的接续和跨越，努力在现有条件下多方求证和适当解读，以期达到源于壁画、符合史实的目的，最终呈现出敦煌历代服饰在千年变迁中所形成的丰富而交融的艺术效果。

（一）结构解析

敦煌服饰艺术再现的服装结构解析，既包括整体服装造型和层级的解析，也包括单件服装的结构工艺解析，充分体现着特定历史时期的服制特征。例如，莫高窟西魏285窟北壁女供养人像（图4），服饰风格修长柔媚，强调宽衣博带的飘逸美

图4 敦煌莫高窟西魏285窟北壁女供养人像

感，是西魏时期典型的女子服饰形象。从图像表现上，她的服装可以分解为圆领内衣、对襟直领大袖衫、围裳、襳髾、间色裙，此外还包括襳带、腰带、高头履等服饰配件。

确定了整体服装的件数和基本造型，继而分析单件服装的具体结构和工艺。如这身女供养人所穿着的间色裙，是用两种以上颜色的布条间隔缝制而成，形成色彩相间的服装效果，在实际穿着时裙长曳地，可以对下身比例起到修饰作用，在魏晋时期乃至隋唐时期十分流行。依据文献记载，间色裙所用布幅一般为六破、七破，最多不超过十二破。再如女供养人所服襳髾，又称为杂裾垂髾，是在围裳下施加相连的三角形飘带装饰，走动时衣带当风、如燕飞舞，《周礼正义》形容说："其下垂者，上广下狭，如刀圭。"❶因为三角形装饰如刀圭状，所以又名袿衣。按照以上历史依据和图像表现，在尊重壁画原有服装结构的基础上，研究团队在服装的领缘、贴袖和襳髾等处，增加了敦煌西魏时期的忍冬纹刺绣装饰，以期更好地表现此身女供养人像服饰的精致美观（图5）。

图5 敦煌莫高窟西魏285窟北壁女供养人像服饰艺术再现

---

❶ 孙诒让：《周礼正义》，北京：中华书局，2015：704。

（二）纹样整理

敦煌壁画中人物服饰上大多绘制着精美的花纹，尤其是身份特殊的供养人像，通常将纹样作为服饰的重要部分加以表现。纹样在人物整体服饰中不仅起到美观装饰的作用，而且由于其符号化的属性也体现着人物的身份地位和民族特色。

例如，莫高窟五代98窟东壁南侧于阗国王李圣天供养像（图6），着玄衣纁裳，腰围蔽膝，足登赤舄，整体类似中原汉族帝王冕服衣裳。将上衣纹样进行整理后发现，其为象征威仪和政德的十二章纹，包括日、月、星、龙、粉米、黼黻等，这一现象也印证了《新五代史》的记述："圣天衣冠如中国。"❶值得注意的是，李圣天供养像上衣所饰纹样中极有特点的是左右两袖上的龙纹与虎纹。龙纹为十二章纹之一，与龙纹相对的另一侧袖子上的纹样则为虎纹，并不属于十二章纹范畴，这里龙纹与虎纹的配置更接近中国古代四神纹中青龙与白虎的组合。四神纹的使用非常广泛，自河南濮阳西水坡仰韶文化遗址中出现蚌壳摆塑龙、虎纹的先例，到西汉未央宫遗址出土的四神瓦当，以及汉铜镜、唐铜镜和隋唐墓志盖，都可以见到它的应用。可见李圣天的冕服纹样不仅采纳了传统的十二章纹，而且体现了古代中原地区天文学和阴阳五行学说在古代于阗地区的传播与影响。

（三）面料工艺

敦煌壁画中精美的人物服饰表现与当时发达的染织工艺密切相关，例如，唐代盛行五彩缤纷的织锦、花纹隐映的绫、轻薄通透的纱和罗、通经断纬的缂丝、致密平实的绢、粗犷厚重的絁和绸等多种丝绸品种，再结合印花、染缬、刺绣、绘制等多样的染织工艺，共同展现了繁盛华丽的大唐风尚。

再如敦煌莫高窟五代98窟东壁曹氏家族女供养人像（图7），集中展现了当时精美绝伦的贵族妇女服饰，纹样多为抽象和简化的花头和叶，有的是花枝组合而成的散点纹样，显得花团锦簇、热闹非常。在敦煌藏经洞出土的纺织品实物中不乏这样的例子，且多为刺绣制品，如白色绫地彩绣缠枝花鸟纹（图8）、淡红色罗地彩绣花卉鹿纹等，据此推测壁画中女供养人像上衣所绘纹样以刺绣工艺制作的居多。由此可知，此窟女供养人像服饰展现的正是传承自晚唐至五代时期最为华美的服饰刺绣艺术。

研究团队多年来进行古代纺织面料工艺的复制探索工作，在进行敦煌服饰艺术再现时也结合不同的壁画表现形式，以历史文献和文物实物为重要参考，选取质感、机理较为接近的面料和工艺制作，取得了较为理想的效果。随着纺织品修复科技、染织工艺水平的不断提高，敦煌服饰艺术的面料工艺研究还将继续推进和创新。

---

❶ 欧阳修：《新五代史·卷七十四·四夷附录·第三》，北京：中华书局，1974：917。

图6　敦煌莫高窟五代98窟东壁
南侧于阗国王李圣天供养像

图7 敦煌莫高窟五代98窟东壁女供养人像，范文藻临摹

图8 白色绫地彩绣缠枝花鸟纹

图7 ｜ 图8

（四）色彩染制

敦煌石窟壁画的色彩主体由矿物颜料、人工合成颜料和少量植物颜料呈现，大多数矿物颜料性能稳定，再加上敦煌本地气候干燥，所以使得壁画色彩鲜艳、保存至今。但是铅丹、铅白等人工合成颜料化学稳定性差，所以在阳光、空气和湿度的影响下容易变色，而植物颜料在经过千百年的风吹日晒后，也有一定的褪色现象。因此，敦煌石窟色彩的提炼和总结是十分复杂的，服饰色彩也是如此。根据著名敦煌艺术专家常沙娜教授的建议，研究团队将敦煌服饰色彩进行科学提取、归纳和分类，形成土黄、土红、褐黑、青绿四个色系，然后按照壁画艺术风格和服饰历史的发展规律，进行服饰艺术色彩的配置。

例如，敦煌莫高窟五代61窟回鹘公主供养像（图9），戴桃形冠，着褐色翻领长袍。根据《旧唐书·回纥传》的记载：太和公主衣胡服"绛通裾大襦，皆茜色"❶，

---

❶ 刘昫，等：《旧唐书·卷一百九十五》，北京：中华书局，1975：5212—5213。

图9　敦煌莫高窟五代61窟回鹘
公主供养像

图10　敦煌石窟回鹘公主供养像
服饰艺术再现

图9　│　图10

此外结合莫高窟五代98窟回鹘公主供养像着土红色圆领拖裾长袍的表现，最终研究团队在对此身女供养人像服饰进行艺术再现时，采用了明丽的茜色作为袍服色彩（图10），以求更加符合服饰历史原貌和凸显人物艺术风格。

三、展演造型

　　敦煌服饰艺术再现的主体是服装，与其不可分割的是服饰和妆容，如果需要进行影棚拍摄和舞台的整体呈现，还需要适当的模特以适当的仪态去演绎这些服饰，才是一项较为完整的艺术再现研究工作。为了呈现出更好的视觉效果，敦煌文博会项目特意聘请杨树云老师担任敦煌服饰艺术再现的造型顾问，由成方圆老师担任舞台艺术指导。两位老师具有丰富的造型化妆和舞台表现经验，使得此次敦煌服饰艺术再现名副其实、锦上添花。下面将从三个方面简单介绍一下敦煌服饰艺术再现在展演造型方面的呈现。

（一）妆容造型

敦煌壁画所绘女子除了穿着精美的服装，还注重面部的化妆，尤其是唐宋时期的女供养人画像，均用胡粉涂面、画峨眉、面饰花靥，体现出当时的流行时尚。花靥分为花钿和妆靥，指的是中国古代女子施于眉心和双颊的面部化妆术，它们的起源都充满了传奇色彩。据《李商隐诗歌集解》引《杂五行书》说：南北朝时"宋武帝女寿阳公主，人日卧于含章殿檐下，梅花落额上，成五出花，拂之不去。皇后留之，看得几时，经三日，洗之乃落。宫女奇其异，竞效之，今梅花妆是也。"❶关于妆靥的起源，据说来自东吴。唐代段成式《酉阳杂俎》前集卷八记载道："近代妆尚靥如射月，曰黄星靥。靥，钿之名。盖自吴孙和邓夫人也。和宠夫人，尝醉舞如意，误伤邓颊，血流，娇婉弥苦，命太医合药，医言得白獭髓杂玉与琥珀屑，当灭痕。和以百金购得白獭，乃合膏。琥珀太多，及痕不灭，左颊有赤点如意（痣），视之更益甚其妍也。"❷这些传说虽然美丽，但都不是十分可信。按孙机先生的研究，这两种化妆术均与印度和中亚的影响有关，但是在中国也有使用的传统。❸

在进行敦煌莫高窟五代61窟、98窟女供养人像服饰艺术再现时，根据壁画的描绘，在人物的额间、两颊、唇角适当贴绘出花朵、蛱蝶、飞鸟等不同造型的花靥，增加了人物姿容的娇媚。

（二）搭配装饰

服饰指的是人物的"衣着和装饰"❹，可见服饰可包括衣服和装饰等两个较大的范畴，类似词义也经常出现在古籍中，如《唐六典》所载："中尚署令掌供郊祀之圭璧及岁时乘舆器玩，中宫服饰，雕文错綵，珍丽之制，皆供焉。"❺既然服饰是服装和装饰的总称，因此敦煌服饰艺术再现不光要研究壁画中人物的服装，还要研究服装的搭配装饰，包括头冠、首饰、革带、鞋履等。

敦煌壁画男供养人像的装饰主要集中在头冠和革带上，例如，莫高窟西魏285窟南壁男供养人像的笼冠、莫高窟中唐159窟吐蕃赞普供养像的朝霞冠、莫高窟五代98窟东壁南侧的于阗国王李圣天供养像的冕冠和佩剑、榆林窟五代16窟甬道南壁曹议金供养像的幞头和革带、莫高窟沙州回鹘409窟回鹘王供养像的尖顶高冠和蹀躞带等，这些装饰涉及毛毡、金属、漆纱、皮革、玉石等多种材质。中晚唐之后女供养人像的装饰更加丰富，主要为凤冠、钗、簪、耳环、颈饰等，品类繁多，仅钗的种类就包括花叶钗、梳钗、凤钗、云头钗、钿钗等。例如，莫高窟五代98窟

❶ 刘学锴,余恕诚:《李商隐诗歌集解》,北京:中华书局,1988:1069。
❷ 段成式,等撰,曹中孚,等点校:《历代笔记小说大观:酉阳杂俎》,上海:上海世纪出版股份有限公司,2012:45。
❸ 孙机:《中国古舆服论丛》,上海:上海古籍出版社,2001:238—239。
❹ 中国社会科学院语言研究所词典编辑室:《现代汉语词典:2002年增补本》,北京:商务印书馆,2002:386。
❺ 李林甫,等撰,陈仲夫,点校:《唐六典·少府军器监卷·第二十二》,北京:中华书局,1992:573。

于阗皇后供养像（图11），头戴高耸的凤冠，莲瓣上的凤纹昂首挺胸、展开双翅、钿钗、花钿、步摇、项饰均满布绿玉装饰。华丽的配饰与雅致的服装共同体现出于阗皇后的尊贵身份和于阗盛产绿玉的物产丰藏。

图11　敦煌莫高窟五代98窟东壁南侧于阗皇后供养像

（三）模特仪态

完整的敦煌服饰艺术再现包括对所穿着服饰人物仪态和气质的要求，因此按照敦煌壁画的绘制，以及历代审美趋势的发展变化，选择适当的模特进行服装的穿着和演绎是十分重要的。

魏晋时期流行瘦骨清像，所以模特体型应相对清瘦修长，而唐代女子以丰腴为美，模特也需要相对圆润丰满，才能更好地衬托和表达出服装的发展变化。中晚唐之后的壁画中出现了许多来自真实历史的人物形象，如收复河西的张议潮、归义军首领曹议金、于阗国王李圣天、沙州回鹘首领等，他们的供养像身形高大、气度不凡，所以要求模特在身形和仪态上也必须具备这样的条件。例如，莫高窟中唐159窟吐蕃赞普供养像服饰艺术再现的模特为来自西藏的江措顿珠（图12），作为专业模特他有扎实的形体训练基础，更重要的是具备天然的粗犷外形和藏族特有的民族气概，因此在穿着服装后整体气质十分贴近原壁画中供养像的艺术感觉，达到服装穿戴和模特气质的和谐统一。

图12　敦煌莫高窟中唐159窟吐蕃赞普供养像服饰艺术再现

结语

敦煌服饰艺术再现是根据敦煌石窟历代壁画中的典型人物服饰形象，佐以历史文献考证和服饰纺织品文物对比，通过理论研究、工艺技术和展演造型等因素作用，对敦煌服饰艺术进行分析、整理、把握和创造的综合性研究方法。这与基于古代或近代服饰实物资料进行的保护性复原研究有相似之处，但是研究对象、材料和手段略有区别，因此呈现出来的成果也不尽相同。

诚如段文杰先生在《谈临摹敦煌的一点体会》一文中介绍敦煌壁画三种主要临摹方法的区别："客观临摹就是按照壁间现存残破变色情况，完全如实地写生下来。……旧色完整临摹……在有科学依据的情况下，有意识地令其（残破模糊的地方）完整清楚。……复原就是要恢复原作未变色时清晰完整、色彩绚烂的本来面貌。"[1] 敦煌服饰艺术再现与敦煌壁画临摹中的复原临摹类似，是必须建立在一定的理论研究基础和科学依据之上的，需要研究者参考文献、图像、实物等多重资料。一方面考证历代服饰制度、装饰流行和风俗习惯，另一方面要对照同时期保存较为完整的纺织品实物，找到服饰结构、纹样、色彩、面料、工艺等因素的变化规律，做到有据可依、物必有证，从而达到深入理解以敦煌服饰艺术为代表的中国古代物质文化的目的。因此，敦煌服饰艺术再现是敦煌学领域中不可或缺的研究内容，具有重要的学术意义和实践价值。

（原文刊载于《服装设计师》2020年第5期）

---

[1] 段文杰：《谈临摹敦煌壁画的一点体会》，《敦煌石窟艺术研究》，兰州：甘肃人民出版社，2017：281。

下编

吉冈幸雄 / Jigang Xingxiong

1973年毕业于日本早稻田大学第一文学系。曾获和服文化奖、第58届菊池宽奖、京都文化成就奖、日本NHK广播文化奖。先后出版了《日本色彩辞典》《王朝颜色辞典》《千年色彩》《日本人喜爱的色彩》《染色——日本色彩》等著作。

日本的颜色与正仓院 ❶

吉冈幸雄

我主要在日本京都做染色工作，我的工作就是操作天然染色，我认为天然色彩最漂亮，每天做这个工作乐在其中。在日本东大寺有一个每年都必须举办的活动，就是用红色纸制作红色芍药花，所以我每年都得染制红色纸，从来没有间断，从事这个工作让我产生了很强的责任感。我从事天然染色工作已经30多年了，刚开始时对天然染色并不了解，直到现在还在做基础研究。其实大家也是一样的，现在一定要多积累利于将来研究的本领域知识，我认为最快的方法是认真向历史学习。我知道中国文化源远流长，这是优势，大家一定要好好学习中国传统染织文化，坚持下来的话一定会有很多新的发现。

中国是最早生产蚕丝的国家，人们用蚕丝制作日常服装和祭祀服装，积累了丰富经验，为世界作了重大贡献，日本文化深受中国文化的影响。我想提一个小小的建议，大家一定要有深入探讨精神，并持之以恒。古代丝绸之路对丝绸的发展起到了决定性作用，1970年左右日本有一个电视系列节目《丝绸之路》，讲述了中国丝绸向世界各地传播的过程。我认为在某种程度上可以说，中国丝绸的发明创造了世界，所以我对自己能够从事丝绸染色的工作感到非常荣幸。虽然草木染色非常费工耗时，但染出来的色彩非常漂亮，令我非常开心和欣慰。

日本文化的源头在中国，这个历史渊源关系在敦煌、新疆等地出土的文物中表现得非常明晰。现在我们从事的染色活动，早在2000~3000年前就已经非常发达了，我在对织物进行染色复原研究中发现，其实古人做得已经非常好了。所以，我经常有急切追赶的心情，但当我研究了中国唐代染色历史后，知道自己不管怎么追也是追不上的，由衷钦佩古人的智慧。

现在的纺织材料、色彩非常丰富，有很多材质、色彩的服装供选择，但在2000~3000千年前只有丝或麻这两种材料，色彩也有限。当然，达官贵人选择的品种会多些，而普通老百姓的选择余地非常小。不过，天然染色技艺是古人传给我们

❶ 编者按：本文根据2019年6月13日吉冈幸雄先生在北京服装学院举办的"天然染色学术研讨会"上的发言整理。不幸的是，吉冈幸雄先生在当年9月30日突发疾病去世，现以此文表达对先生的哀悼和纪念。

的宝贵非物质文化遗产，具有很高的历史文化含量，很好地传承与发展是我们的责任。

其实，2000年前的日本染色技术很落后，与中国相差甚远。据说是1500年前，染色技术从中国传到日本。到6～7世纪的圣德太子时期，日本染色技术水平才开始与中国接近。大家都知道，隋唐是中国在文化、经济等领域最发达的时期，日本人非常崇拜唐王朝，把"唐"叫"大唐"，日本的染织文化是在中国直接影响下发展起来的。

在日本东大寺可以看到日本染织的发展概况。如果大家来日本的话，一定要到东大寺看看大佛。752年初建东大寺大佛时，天皇为了传达喜悦心情，招来一万人参加庆祝仪式，不仅有日本本土人，还有朝鲜等外国人，据说参加仪式人所穿的服装，很多是从中国唐朝进口的。不过，因为当时日本已经从中国学习了染织技术，所以也有一部分人认为那些衣服是在日本制作的。

正仓院其实是东大寺的一个仓库，收藏着很多古代艺术品，仅染织品就有5000余件，如果算上残片可达上万件，同时还保存着很多染色资料，因而在正仓院可以看到1200～1300年前日本染织的真实风貌。由于是代代相传的，藏品被保存得非常好，并且有确切年代记载。然而，面对众多藏品一个疑惑至今未解，就是收藏在正仓院的物品是日本制作的？还是中国制作的？或者是朝鲜制作的？目前还没有办法研究清楚。

图1是约600年中国隋代的一件染织实物，色彩非常鲜艳，目前藏于日本奈良的法隆寺。图2是圣德太子时代的织物，好像产于中国西部，之后传到日本。

图1 | 图2

图1 蜀江锦幡（7世纪后半～8世纪前半），日本东京国立博物馆藏

图2 赤地广东裂（7世纪后半），日本东京国立博物馆藏

图3的襷纹平粗带目前藏于日本奈良的法隆寺，色彩保存完好，非常漂亮。多数人认为它是日本生产的。

圣德太子去世时，皇后以刺绣作品的形式表达祈愿太子往生极乐世界的心情（图4）。据说1000年前对此件作品进行过修复，虽然也是天然染色，但现在已经褪色。所以说在历史发展进程中，人类的技术是不断进步还是时有退步，从染织的角度来看我们应当深入思考一下。

图5这幅壁画表现的是贵族妇女。

图6是2002年举办东大寺1250年历史祭祀活动的场景。因为是当代祭祀活动，所以这些色彩都是当代人想象出来的。当时参加这场祭祀活动的人数为5000人，比不了之前10000人的盛况。

图7是1250年前建造的仓库（正仓院）。因为日本的气候比较潮湿，所以人们在房屋下支撑木桩，使其离地1.8米左右，便于空气流通，保持室内干燥。大家现在所看到的正仓院藏品，都是保存在这个仓库里的，从古代一直到现在。因为保存条件好，图8这件藏品的色彩一点都没有褪色。

图9是正仓院收藏的精美夹缬作品。

图10是我复原的绀地花树双鸟纹夹缬作品，复制的过程非常难。虽然我已经

图3	图4
图5	图6

图3 襷纹平粗带（7世纪），日本东京国立博物馆藏

图4 天寿国绣帐残欠（7世纪前半），日本中宫寺藏

图5 日本高松冢古坟壁画（7世纪末）

图6 东大寺1250年历史祭祀活动

图7　日本正仓院

图8　赤地鸳鸯唐草円文锦（8世纪中叶），日本正仓院藏

图9　绀地花树双鸟纹夹缬绝（8世纪中叶），日本正仓院藏

图10　绀地花树双鸟纹夹缬绝，吉冈幸雄复原

图7	图8
图9	图10

很努力在复原，但目前纹样的清晰度和色彩还达不到原本织物的样子。

　　图11是一件用天然染料染的紫色纸，非常奢侈。如果现在想复原都是非常困难的，紫色素的萃取方法特殊，染出这种深紫色需要大量染材。

　　图12是螺钿镜子。

　　图13、图14是正仓院收藏的从国外进口的玻璃容器。一模一样的物品在原产国也有发现。但在原产国是从土里发掘出来的，在日本都是传世的。

　　图15是一个镜盒，盒子里的织物纹样非常漂亮。

　　我经常去正仓院看，藏品保存好，年代纪录也非常清晰。正仓院藏品中有很多中国隋唐时期的物品。日本正仓院的藏品不仅保存好，也基本没有修复过，还有明确的年代记载。正仓院还保留了一些随手写的东西，所用色素也都是来自植物。比如黄色用青茅，直到今天都保存得非常好。我认为日本人有一个优点，就是干什么事都讲究延续性，不会让它随便断掉。比如刚才提到的那个紫色纸，是使用从紫草根中萃取的色素染制的，这种技术直至今天还在使用。

　　正仓院所记录的染色材料，对于环境要求很高。比如紫色，据记载日本九州生产的紫草质量好。现在九州已经不再种植这种植物了，如果重新种植是否还能

图11 紫纸金字金光明最胜王经（奈良时代），日本奈良国立博物馆藏

图12 八角镜平头螺钿镜背面，日本正仓院藏

图13 琉璃杯，日本正仓院藏

图14 白琉璃碗，日本正仓院藏

图15 螺钿箱（8世纪），日本正仓院藏

附图1 紫地唐草襈花纹锦（8世纪后半），日本正仓院藏

图11	图12	
图13	图14	图15

附图1

染出接近以前的色彩呢？不得而知。为此，现在也有人去九州劝导当地人重新种植紫草。

非常庆幸日本作为一个岛国，历史上没有太大的战乱，使得这些历史价值、艺术价值极高的珍贵资料得以完好保存。非常希望在座的各位，积极寻找现在还没有发现的材料，进行深入研究的话，一定能体验到特别的意义。

（日语翻译：朱轶姝）

附：吉冈幸雄天然染色复原作品

附图2 霞地唐花纹锦（8世纪
后半），日本东大寺藏

附图3 绿地襷鱼鸟纹蜡缬絁
（8世纪中叶），日本正仓院藏

附图4 晕繝夹缬罗（8世纪中
叶），日本正仓院藏

附图5 树皮色织成（8世纪），
日本正仓院藏

附图6 紫地凤唐草圆纹锦（8
世纪中叶），日本正仓院藏

	附图2
	附图3
附图4	附图6
附图5	

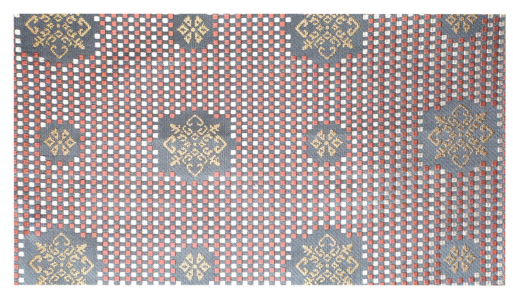

加藤良次 / Jiateng Liangci

日本横滨美术大学工艺设计系教授，日本纺织协会理事。1984年于东京艺术大学染织系获得硕士学位，其作品曾获安宅奖、原田奖，并在日本、韩国、意大利等国家多次举办个人展。

思考着色方法的教学

加藤良次

目前我在日本横滨美术大学从事染色教学工作。其实，我以前一直专注于化学染色而不是天然染色，我的个人作品也是偏现代感的。在接触天然染色之前，我的作品都是使用化学染料染制完成。几年前，我在奈良参加了一个用茜草染复兴传统工艺的研究项目。当时，吉冈幸雄老师正专注于茜草染的研究，因此我有幸结识了吉冈老师。因为我本身不是天然染色领域的专家，所以在项目进行中遇到了很多困难，吉冈老师给了我很多建议和帮助。在我们学校，有一门旨在提高学生天然染色兴趣的课程，这是我接下来要讲的内容。

现在学生在学画画时，用的都是管装颜料，买来直接使用就可以了，他们不会去想颜料是怎么来的。学生起初用惯了颜料，对于染料是不了解的，弄不清楚颜料和染料的区别。这个课程设置的目的，就是启发学生去思考"染色与弄脏""染色与污渍"以及"染料与颜色"到底有什么不同。比如，什么是"染色与污渍"？今天早上我在饭店吃饭时西红柿的汁溅到白衬衣上，对于衣服被染上了西红柿的红色，这是染色还是污渍呢？经过思考可以发现，染色是有目的、有意识地给衣服着色，而污渍是无意的，这正是染色和污渍的区别。该课程的目的就是想引导学生去思考这些问题。

这个课程是大学一年级的，一共5次课，每次3学时，总共15学时。第一次开始上课时，发给学生一块白棉布，不告诉他们任何染色的方法，也不给其他材料和工具，就是要求学生自己想办法在90分钟内给棉布染上色彩。学生走出教室，就去想各种办法给棉布染色。90分钟后，就都带着染上色彩的棉布回来了。这时，让学生把他们染上色彩的棉布剪成两半，一半不洗，一半用洗衣机洗。之后发现，被洗的那块棉布色彩几乎都掉了。由此引导学生思考为什么染上的色彩会掉呢？进而思考怎么能让染上的色彩不掉色呢？接下来的课程会要求学生带来一件白衬衣，用天然染料、合成染料或颜料给白衬衣染色。最后，组织学生自己办一场时装秀，展示染色作品。通过这样的课程形式，提高学生对天然染色的兴趣。以下，通过PPT介绍课程的全过程。

这是开始上课时，让学生走出教室、自己想办法给棉布染色。女同学选择把草在白棉布上揉搓染色（图1）。

这是男同学在染色。他们把棉布铺在地面上，拿树叶和花瓣一点点地给布染色（图2），或者用白棉布包住杂草用力拧绞。这些女生，找到一片泥地，直接用脚踩踏把布弄脏（图3）。

学生们在实践中发现，干燥的棉布很难着色，把布弄湿后就容易着色了。

有一个男生把棉布铺在草坪上坐着滑下来，这是一个很有效率的着色方法（图4），于是大家都开始模仿。

日本孩子从小就被教育不能把衣服弄脏，更不能把白布弄脏。在课上，要求他们主动把白棉布弄脏，他们在心理上还是有些抗拒的。但正是这样的心理活动，能够促使他们去思考。

学生们发现除了泥和花草，铁锈也能染色（图5）。

以上这些就是该课程前90分钟的内容。回到教室后，通过洗涤观察掉色情形，引导思考。这时，给学生讲染料与颜料的区别，以及掉色原因和如何去染色。

后半部分课程，最初让学生拿一件白丝绸衣服，但没有任何一个学生拿来，大家拿来的都是棉布裙子或衬衫。之后不限定染色方式，既可以运用天然染料，也可

图1	图2	图3
图4		图5

图1　尝试染色

图2　用树叶和花瓣染色

图3　用泥土染色

图4　利用草坪染色

图5　利用铁锈染色

以使用各种绘画工具。

实践课程不会给学生提过多要求。学生们的染色材料来自学校植物、商店里购买的染料，或者自己从家里带来的材料（图6）。在此过程中，有的学生拿糖精来染色，实践证明肯定是染不上色彩的。还有的学生尝试用有色彩的清洗剂染色，因为他们认为只要是有色彩的液体就能给布料染色。

这个男生手里拿的衣服是他的第一件作品（图7），能按照自己的想法染上色彩，他非常高兴。

这是另一个学生的作品。他把树叶放在衣服上拿锤子砸（图8）。他发现，最初染上的是绿色，但时间一长就渐渐变成黄色。这正是引导思考的契机。

陈列在这里的都是学生染的作品（图9）。右边第一件最初是用植物染料染的，染完后又用石膏进行处理。右边第二件衣服是用洋葱皮染的。第三件蓝白变化的衣

图6 ｜ 图7
图8 ｜
图9

图6　染料染色

图7　染色衣服

图8　锤拓染色

图9　染色作品展示

服是用印度蓝染的，为了产生对比效果只染了一半。第四件衣服用了蜡染方法。第五件衣服一边是用扎染方法染色，一边是用叶子染色。第六件粉红色衣服是用紫苏叶染的。最后一件衣服采用了扎染方法。

学生们染好的衣服在外面晾晒（图10）。

最后是学生展示他们的作品。学生们都不是学时尚专业的，大都没有看过时装秀，他们凭借自己的想象做出一场时装秀。学生们想了很多办法进行准备，使它看起来很像一场专业时装秀。他们在教室里搭建了一个展示台，一起探讨秀场的布置（图11）。

图 10
图 11

图 10　晾晒

图 11　布置秀场

练习走秀（图12）。每次练习走秀都用摄像机记录下来，通过观看录像纠正走路姿态。

这是最后时装秀的效果（图13~图15）。服装的配饰也是学生自己制作完成的。

遗憾的是，学生们的时装秀现场没有观众。一个年级30个人，7~8人一组，

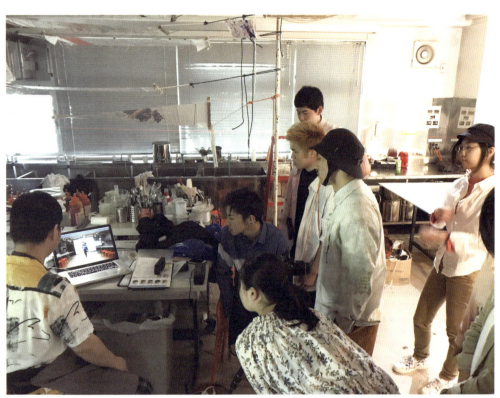

图12

图13 图14 图15

图12 练习走秀

图13 服饰秀现场一

图14 服饰秀现场二

图15 服饰秀现场三

按顺序展示课程作品。课程的最后环节是老师对学生作品进行讲评。讲评并不是对学生染色优劣进行评价，而是侧重实践能力的点评。

这个课程的重点就是引导学生自己思考如何在大自然中提取色彩，从而提高学生对天然染色的兴趣。

（日语翻译：朱轶姝）

陈景林 / Chen Jinglin

中国台湾天染工坊创始人、台湾工艺之家成员。长年投入天然染色与编织研究，出版有《大地之华——台湾天然染色事典》《染织编绣巧天工》《四季缤纷草木染》《潜质与新意——"纤维·时尚·绿工艺"居家生活设计提案》及《纤维物语——纤维材质的探索与设计》等书籍，并经常发表作品与策展。

从传统工艺到时尚设计：
天染工坊与台湾天然染色发展的经验

陈景林

一、摸索与研究

从艺术学院美术系毕业到现在有多少年，我的染织工作就做了多少年。我原本学的是西画：水彩、油画、素描、色彩学，这是我在学校的时候学习的主要内容，但是我在离开学校之后，就立即投入天然染色的研究，当然对我个人来说有好几个转折。我在台湾也是较早从事纤维艺术创作的工作者，后来为什么会走向天然染色？

我在30年前就开始有一些纤维艺术作品的发表，很快就获得一些工艺大奖。那之后我就一直在反省，我必须要寻找属于自己文化系统里的一些创作元素，我不应该只是在色彩、技法、材质上引用西方观点与方法，也因此开始进行对传统民间工艺的调查。在染织的探源工作上，很多人可能是偏重于贵族或皇室的精致工艺，而对于民间庶民工艺反而欠缺探讨，因此在寻找手工技艺的母体文化元素的时候，我尽量从田野工作去进行。从事田野工作的调查、采集、记录以及一些技艺的整理工作，引导出后面我想要做的染织创新发展。

站在文化的转折点上，20世纪是一个非常精彩的世纪。20世纪到了中后叶，国际上回归自然的呼声已经起来，很多人希望从自己的文化，自己的母体，自己的土地里面，把过去遗忘的东西拿出来再加以研究。因为有研究，所以能够创新。所以：从研究到创新这一条路，大概就是我今天所要介绍的主轴。

我和内人马毓秀做了台湾少数民族的一些调查之后，发觉到时间上有一点晚，我们晚生了30年，如果再早30年，大概比吉冈老师年纪再大个10岁左右，去做台湾的传统植物染及工艺调查，可能所得会更多一些。我投入工艺的30多年前，台湾传统文化可以说是处于一个谷底的状态，我们在这时去做民间的技艺调查，事实上是非常寂寞的，而且我们所做的工作对多数文化人来说，是看不到它的价值和出路的。

但是当我在台湾做工艺研究将近10年之后，在1989年开始有机会到大西南考察（图1、图2）。在1989年6月底，我们没有去北京、上海、成都这种大都会，我们一开始就跑到了贵州的山乡。说起来是很好玩的事情，当时我们所有的家人、朋友都劝我们不要做这个事情，如果要做的话应该要多等几年再去做。但是我很清楚，我们的时间很有限，我要去的地方是一个在当时来说传统染织保留完整，但交通不是很容易到达的地方。

我们从广西中部的大瑶山，到黔东南，后来一直到云南、贵州、湖南边境、四川南部、海南岛等，我们在原生态的大西南做了10年的田调。这10年的田调，我们跑过了几十万公里的山路，走过数以千计的村寨，做了很多的记录，一直到1997

图1
图2

图1　在西南地区考察一

图2　在西南地区考察二

147

年，我才有机会到上海、杭州等大城市。我们前面很多年，都从香港直接前往贵州、云南，去最偏远的地方做调查，那时候的心情可能现在很多人难以领悟：我们有一种时间的紧迫感，我们看到少数民族很多文物开始快速流失，传统民族服装被当作旅游商品，被很多商人一包包、一袋袋，甚至一整卡车送到城市里摆地摊，卖给观光客，我们很急，我们用很有限的体力和时间赛跑。

在这整个的转换过程里，我们看到了很多非常精良的染织品。这些民间工艺是人类重要的遗产。从田野调查中我做了很多的记录，这使得我后来在台湾进行天然染色的计划变得很容易，因为可以轻而易举解决很多工艺技术上的问题。

对我个人来说，除了中国大西南以外的田野调查，还有部分在日本、韩国以及南洋国家的传统染织的相关调查，让我今天有这个机会在这里跟大家分享。我们所走过的路，都可以留下痕迹，我们所做的任何一件事情，在当下不一定知道它对未来会产生什么影响，但是时间久了以后，它就会成为我们未来想要走的路，想要做的事情的重要养分。

1989年之后，从照片中可以看到我们的少数民族考察，当时这个贵州的山区文化保留得相当完整（图3）。他们全身的穿戴都是家庭妇女一点一滴制作出来的，包括棉花的栽种，手纺纱线，捻纱成线之后，有的先染色，有的先织成布后再染色。在做染色的时候，各种不同的防染技艺都是我们当时考察的重点，其中也包括一些织品、刺绣，因为我是先学纤维制作，然后才转到染色工艺的制作跟工艺的记录，所以重视各种工艺过程。

少数民族有很多非常精美的东西，它们还保留着传统、原始的机器设备。我在这里有一个案例想跟大家分享：25年前，蓝印花布在国内是没有多少市场的。上海

图3　贵州少数民族地区

有一个孙逸仙的故居，这个故居在当时挂了一个牌子叫作：中国蓝印花布馆，主人是一个叫久保麻纱的日本老奶奶，她到中国看到蓝印花布非常惊讶，她觉得这是非常美的东西，是非常好的工艺，但是民间不太重视（图4）。她在当时找了一个年轻小伙子，现在已经是中国工艺美术大师的吴元新先生。他16岁的时候就开始做蓝印花布，后来曾经帮久保麻纱女士去做一些收集与印染工作。她的收藏中有一部分是一些残旧的产品，但是也有很多还能用的旧蓝印花布。她花很多年在上海经营中国蓝印花布馆，久保麻纱的妹妹也在京都开了一个店出售，开始将蓝印花布对外销售，这对后来产生了很大的影响。在20年前，我们到上海的时候就去拜访了久保麻纱女士，她跟我们介绍了当时的状况（图5）。

图4

图5

图4　蓝印花布

图5　拜访日本久保麻纱女士

149

那我要说的是：当古老文物流失了，不见了，文化记忆也消失了，这时大家才开始重视。虽说：亡羊补牢，为时不晚。但是，如果那个羊被宰了、被吃了，任你再怎么样去补牢也没有用了。所以研究要趁着还有文本的时候，能够找到文本深入地去探讨，一定会取得成就。

大家知道贵州有很多苗族，但是我在考察的时候，其实是跑了很多个省去找苗族。很多人可能以为苗族都在贵州，其实并不是如此。贵州以外很多的省份都有苗族人居住，例如，海南岛也有苗族，他们很少被关注。

我对这些少数民族工艺有一些考察心得。少数民族的田野调查不仅为过去所创造的荣光做记录，我个人认为我们要把它当作一个养分，要吸收，要转化，我们要让它活在当代，这样的意义更为深远。

图6是贵州传统蓝靛的打靛制作，六七个人围在大池旁边用竹竿去敲击，这个画面今天大概不容易再见到。但是在我做调查的时候，这场面确确实实存在着。过去虽然家家户户都有小染桶、小染具，但是也有少数专做蓝靛生产的地方。这个大靛池在贵州凯里附近存在着，但现在规模已不同，现在已经像儿童泳池一样大小，有很多的制靛池已经开始科学化，我想应该是受到了台湾地区和日本的影响，尤其是日本很早就用电动搅拌器做打靛的工作。

我们在过去的考察里看到了很多好的案例，而这个好的案例必须要转换，转换了以后才有足够的生产量支撑整个社会的需求。最近五年里，蓝靛的制作基本上已经恢复很多了，人们可以比较容易地买到靛泥（图7）。不过话说回来，目前还存在

图6 贵州传统蓝靛的打靛制作

个难题，那就是是否买到的都是很好的靛泥呢？目前需要挑选，其中也存在做得不太好的情况。

在日本，蓝印花布基本上不称作蓝印花布，而是叫作型染，它要用纸型版（图8），用镂空刮浆的方式来做防染，所以防染浆的调制是型染工艺中非常重要的部分。与日本型染相近的工艺就是友禅染，但友禅染跟型染并不完全相同，因为型染有型版，友禅染还包括用挤压的方式来画线的筒描与填彩刷绘，筒描也是属于友禅染工艺的一部分。

图7
图8

图7　售卖靛泥

图8　日本型染

我认识韩国一位重要的天然染金老师大概有20多年的时间，这位老师在韩国推动天然染色可谓不遗余力，他在大学里任教与研究，并在社会教育上培养了一批工艺师，退休之后投入所有的资金去盖了一个自然染色博物馆。博物馆开馆之后，他曾邀请我们去做交流与示范，此后我们就从金老师那边得到跟其他韩国天然染色的专家、学者及工艺师们交流的机会，后来随着活动范围的进一步扩大，又跟韩国天然染色博物馆有更多的交流，也因此促成了我们跟韩国不断做交流展的机会。天然染色不是一个地方自己独立的个体，而是国际化的。参与国际交流越多，我们越能够从多面相中看到发展的脉络。2006年，我们第一次跟韩国做交流展是在韩国的最南方：光州，我带着台湾的一些朋友、学生到那去做交流展。他们当时非常惊讶，他们原以为世界只有韩国还保留着天然染色，从那次交流之后就对我们刮目相看，并促成后来的深入交流。

染色工艺必须解决很多防染的问题，例如，蜡防染、缝防染、糊防染或夹防染等。我投入较多的时间做不同工艺的分析、梳理，天然染料是属于传统色彩的研究，我喜欢对各种色料追根溯源。

我认为天然染色发展到目前，可能存在盲点，较大的盲点是什么呢？我称它为"学技而不学艺"，这是我前几年在乌镇的研讨会中提出的一个普遍问题。另外还有个盲点，就是只想学防染技术和色彩的附着，但欠缺对材质的了解和研究。棉、麻、丝、毛四大纤维种类都有不同构型，它们和色素的结合各有差别。纤维中有一个品种非常的麻烦，为什么会有"麻烦"这个词？因为麻的确很烦！麻的种类非常多，多到我们理不清楚，理不清楚还是要理清楚，那就必须把纤维材质做研究分类。我做了很多的纤维组织的试片，而这些试片跟织品、刺绣等技艺有一些关系，我们在染色之外，对织品本身的理解绝对有助于染色的发展，这对我来说也是重要的工作。

35年前我刚接触天然染色的缘由来自和服，当时台湾存在着七、八家织造日本和服的公司。日本的kimono就是和服衣裳，日本和服制造的公司从数十人到200人左右不等，他们用手工织造和服衣身跟腰带，这些加工作坊就在我所在的中部和台北。我开始参与织品研习的时候去参观过工坊，工坊经营的老师一卷卷地用棉纸把它包装起来，打开的时候就像在这样大的会议桌子上慢慢展开，它让我看到了一个历史长卷的展现，那一刻我深受感动，我想我一定要找到这些色彩，这些色彩那么自然、精绝、优雅，像我们的文化一样那么博大精深。从此以后，我常说我大学毕业多少年，我做染织就做了多少年。从我大学毕业的那个暑假，我开始参加染织的研习，并暗自下定决心要把这些色彩找出来，此后我花了很长时间，都是在做植物染的基本打样。天染工坊设立后的前18年并没有产品产出，都在研究、试验阶段，直到最近的17年，我们才发展应用产品。所以，我是从传统工艺的研究开始，

图9　基础色彩研究一

图10　基础色彩研究二

图11　《大地之华——台湾天然染色事典》

图10	图9
	图11

到技艺较扎实后才开发产品，实际上，很长时间都是在做基础的寻色工作（图9、图10）。

　　到了20世纪与21世纪之交，我们将研究心得转化出版，同时将古代的一些文献记录以及我们制作的过程做了一些介绍，《大地之华》就是这样产生的（图11）。上下册各3000本，共6000本，原本卖了很多年都没有卖完，但是大前年、前年大家突然之间都抢着要这本书，主要是很多的学习者开始知道有这样的中文出版物，这书在前年年底12月份就卖完了，已经绝版了很长一段时间。上次我到杭州，有一个朋友从河北搭了24个小时的火车过来，找到我的时候她很开心，要我帮她签字，我问她怎么有这书？她说我在网络上买到的，我问她什么价钱，她说1500元人民币。我说我两本原价才卖1380元台币，整整涨了五倍呢！她说没有买到新书，能在网络上买到二手书也很高兴。现在有很多地方都催着我要赶快把书再出版，我也知道它有需求，只是到处忙着其他事而耽搁了。

二、展览与推广

　　2000年以后，我们的主要工作就是做教育和社会推广，做教育和社会推广就必

须要有产出才能分享、交流。我当时就在想，我们的染色工艺是要当作围巾、方巾的呈现呢，还是要当作大匹布的呈现？最后我们把它染成匹料，让大家知道它后续还有多少可能？在2000年之后，我们做了很多展览。

这个展览名叫"再现大地的色彩"（图12、图13），意思是说天然色彩原本在人类的生活中是普遍存在的，但它曾经中断了几十年，有的地方可能中断了上百年，现在我们把大地的色彩重新呈现。当时我们做了比较多的大块布，是为了说明未来在服饰上的应用将是一个重要的主流。除了服装饰品以外，家庭布置也会是重要的部分，天然染色跟纤维、布料都息息相关。

图 12
图 13

图12 "再现大地的色彩"展览一（2011年）

图13 "再现大地的色彩"展览二（2011年）

　　在台湾，如果我们没有利用活动去推动的话，我们很难让原本对染织不熟悉的社会大众开始去关注环保以及色彩美感、色彩美学的课题。因此我们要经常去一些公共空间做展出，博物馆当然是个很经典的场地、艺术殿堂，但是如何深入民间呢？我们曾在地铁站入口做展览，甚至在步行街封街之后去做整个马路上电线杆、罗马旗等的展示。这是我们过去所做的活动（图14、图15）。但是，工艺家也不能够太热衷于动态活动，很多活动都做简单的DIY式的民众参与，这种简单参与式的活动当然要有人做，但研究者不能一天到晚只想办推广活动，要不然重要的研究就很难做深入，因此，我们培养了学生之后，就应退到幕后继续做自己的研究开发工作。

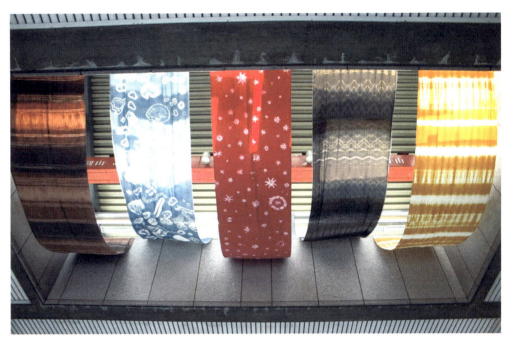

图14

图15

图14　台北市公共艺术节"大同世界"一（2005年）

图15　台北市公共艺术节"大同世界"二（2005年）

2006年我们第一次在百年的台湾博物馆里做展览（图16～图18），这个博物馆极具标志性，我们在整个楼层的三个展厅展出，此展对台湾产生了比较大的影响，我们大概做了600多件展品，让民众了解当时的发展状况。为了说明纤维素材，我们做了这种纤维灯，上面夹棉、麻、丝、毛等不同的纤维材质，透过内置光源的投射，让大家看到不同的纤维样态。作品本身具有设计性。让人了解到不一样的纤维触感是很重要的部分：一般人会更着迷于色彩，而比较忽略亲肤特性或手感，所以我们就把不同的棉、麻、毛、丝布料放在旁边让大家去触摸，去感受纤维材质给人的直觉触感。同时，我们也把当时开发出来的生活产品做了陈列展示。

2010年，我做了一个比较重要的展览，它叫"纤维材质在居家的设计应用展"（图19～图24），主要针对家庭布置，以客厅、卧室、餐厅、书房等不同的生活空间，去做布料染色和线材编织所呈现的设计应用。

2010年，我将过去20多年的染织经验，归纳浓缩成我自己的教学纲领，这个教学纲领我称它为天然染色的六艺。六艺指的是：形之美，色之雅，质之优，技之精，用之当，史之见。

形之美指的是造型美的追求。

色之雅指的是色彩应用要高雅。

质之优要传达的是质感与肌理的优美：质感跟肌理是有关系的，但质感不等于肌理，这一点我曾做过论述。染色的材质是非常重要的，我带的学生们一定要多方面去接触并研究各种布料跟线材。

图16 | 图17
　　　 | 图18

图16 "台湾染：生活中的自然色"展览一（2006年）

图17 "台湾染：生活中的自然色"展览二（2006年）

图18 "台湾染：生活中的自然色"展览三（2006年）

图19 "纤维材质居家设计应用展"一（2010年）

图20 "纤维材质居家设计应用展"二（2010年）

图21 "纤维材质居家设计应用展"三（2010年）

图22 "纤维材质居家设计应用展"四（2010年）

图23 "纤维材质居家设计应用展"五（2010年）

图24 "纤维材质居家设计应用展"六（2010年）

图19	图20
图21	图22
图23	图24

　　技之精是指技艺要精良："徒有技艺不是万能，没有技艺万万不能"，这是我对学生技术的要求，要入门就必须要有专业的技艺。但是只有技艺还是不足，为什么？工艺！工艺！有工有艺！如果有工无艺还是不能创作，只能够做模仿性的工作。因此，技艺的内容分类和艺术学习是重要基础。

　　用之当指的是设计应用要恰当。我曾经看到过某种非常重要的织锦，它在古代为皇室所用，近年发展文创以后，有人甚至把官服大料裁剪车缝成手提包，这个使用是非常不恰当的，为什么？因为袍料原是依照人的身形来做图案设计，裁剪成手提包的话，那它的图案会被剪得片片段段的拼接，尽管设计者有他的idea，但是它也可能是馊主意，好主意和馊主意常常是一墙之隔，很容易就翻墙而粉身碎骨了。所以，要把设计与应用衔接在一起，要不然可能设计者会设计，但没有考虑到未来要用在什么地方，要怎么用，这就会产生设计不当的情况。

　　史之见指的是了解染织史，使眼界、眼光、看法扩大。本国文化知识是根本，但是，我们也应看到其他地区的染织历史，我们要知道，在不同的地域，不同的年代，有些什么工艺成就需要关注，因此阅读是一个重要的工作。我们能在很多博物馆看到不同的工艺表现，像前不久中国丝绸博物馆举办的活动里面也有一些南美洲及非洲的染品，这就让我们能了解在不同的地域、不同的年代里，曾经出现一些什么样的重要的工艺，这使我们能够打开眼界。

以上是我所称的染织学习的六艺。

对我来说，如何把我们的生活空间跟自己所从事的工作产生联系是非常紧要的事情。在日常生活空间领域，我们已有许多的产品，例如，灯罩、桌旗或椅垫，这些都是我们日常生活会用到而且都可以拿天然染料来制作的产品。

2012年我有个比较大的展览是在新光三越百货公司，这个百货公司在台湾总共有19个馆，对方说19个馆要全部一起做展，要命！百货公司都很大，有一些电梯间、挑高楼及手扶梯上方与橱窗也要同时布置，我说我做不来，因为这个量太大。后来他们说选7个重要大馆展原件，其他12馆展复制件，因减少量才做了这次展览。展览展了3个月，至少百多万人看到，对台湾天然染色的传播也有一些帮助。

台南的新光三越百货，前后长200多米，宽将近100米，门厅大概有300多平方米。我把300多米的天然染布吊挂起来，每个人要从入口门厅经过，就一定要接受光线的洗礼，那些亮丽光线从上面的灯光投射下来，是很华丽、很美的场景（图25～图28）。

另外这是用欧根纱所做的一些比较透的展品，为什么我要做得透一点？有的要做得比较密实一点？因为这个门厅的空间比较窄小，不是很宽大，材料轻松一些，不要让它形成太大的压力。

图25　新光三越百货公司展览"飞扬的秋天"一（2012年）

图 26　新光三越百货公司展览
"飞扬的秋天"二（2012年）

图 27　新光三越百货公司展览
"飞扬的秋天"三（2012年）

图 28　新光三越百货公司展览
"飞扬的秋天"四（2012年）

| 图26 | 图27 | 图28 |

在不同的展览空间，我们要思考的是如何能够让大家觉得天然染色这件事情是跟我息息相关的，而不是别人的事情，是我们大家的事情，让我们的事情被大家所重视，这样思考是在寻找推广的策略。

2013年我们恢复与韩国的交流展，这个交流展在当时算是做得很特别的一次。很多人从各地来参观，有的人开车开了几百公里从首尔到罗州去看这些作品，他们说这个博物馆的展示空间很特别，上上下下不同的角落都给用上了。我觉得那个展馆不是很大，在这样的空间展览台湾的天然染色还是不太够，所以我们尽量让它往天花板发展，所以就变成了这样的场景。

在很多博物馆都有门厅，这个门厅是14米高，必须要做一些悬吊来展示作品。后来好几个博物馆要展示我们的作品，我就跟他们商量，希望他们先把悬吊系统做起来，因为14米很高，人一上去会发抖，尽管可以登那种小云梯车，但云梯车进出大门也很困难，所以后来有几个博物馆就开始做门厅的改造。现在新设立的台中纤维工艺博物馆，它的门厅悬吊系统是可以成组升降的，把作品安装好了以后再把它们吊上去，这是我给他们的建议：未来的展览形式可能不只是橱窗与柜体陈列方式，而更需要用空间装置的概念来呈现（图29）。

这组作品叫《地水火风》（图30），古希腊哲人认为生命的起源是土地，水是生命里面很重要的一个元素，火就是热量的来源，风所指的是空气，当时做的四件运用完全不一样的技法，我们用了120多米的布料来制作，成为一组大型装置艺术。

跟韩国的展览一直在持续进行之中，中国丝绸博物馆现在有一个韩国的服饰展览，我不久前去转了一圈，其中有一些也曾经在台湾展出过，但未必是相同展件。后来我到韩国再展览的时候发现，他们现在做染织展览也不再以传统展览的方式处理，他们也觉得立体空间的展现可以更多元化呈现天然染色在生活上的可能性（图31～图33）。

在台湾的东北部有一个地方叫宜兰，宜兰县是台湾最重视环保的地方，以文化立县、环保立县的精神著称。5年前县文化局长到我的工坊来，邀请我去上课，我说我单程大概4个钟头，来回8个钟头，也许只为讲几十分钟或半天课，那是很折腾的事。局长说：不会的！我们一定会按照老师的意思，不会把你的课压缩在框框里，一定会按照老师认为最有效的方式上课，而且要长期经营。现在每个阶段约以

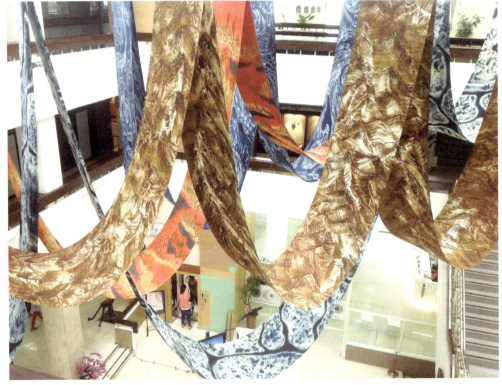

图29
图30

图29　韩国罗州染织交流展（2013年）

图30　绿工艺意象设计展"地火水风"（2014年）

图 31　赴韩国天然染织国际交
流一（2014 年）

图 32　赴韩国罗州染织交流展
二（2015 年）

图 33　赴韩国罗州染织交流展
三（2015 年）

一百个钟头为基准，研习课程已经进入第5年，有的学员正进入第5个阶段的研习课程。我和马老师可以很有系统地带领。我看到很多地方的技艺研习，办得像DIY活动一样，体验学习跟专业研习应是很不一样的内容安排。

在台中市刚设立的纤维工艺博物馆的3楼有5个染织教室，我们正在协助规划织作、染色、刺绣、缝纫及多功能教室，可以让很多大学毕业生及工艺师进阶学习。

2015年在宜兰举办的台湾设计展展出台湾地区跟韩国的作品，我们从门口开始呈现天然色彩的魅力。我们将入口做成彩色廊道，观众进入展场的过程之中，就会感受到天然染色不是只有蓝靛染色，它是多彩且多层次的展现，这样很能让民众体验各种色系呈现的魅力（图34～图37）。

现在，我们会陆续接到一些艺术空间的布置项目，它们多数都是在公共空间里，2017年我们做了这个"花团锦簇·彩蝶飞舞"的装置艺术，在蚕茧造型与半茧造型中做内置光源透射，再结合15只悬吊的彩蝶在旁飞舞（图38）。

过去我们每年都会有3～4档展览，在此没有办法看完太多的展览内容。下面再简单地跟大家展示一下面料的开发、基本染缬技艺的呈现以及一些后加工跟壁挂制作等方面作品（图39～图41）。

图34 | 图35
图36 | 图37

图34 台湾设计展"染上身：绿时尚染工坊"一（2015年）

图35 台湾设计展"染上身：绿时尚染工坊"二（2015年）

图36 台湾设计展"染上身：绿时尚染工坊"三（2015年）

图37 台湾设计展"染上身：绿时尚染工坊"四（2015年）

　　一个人一双手其实所能做的事情非常有限，所以我们必须要有一个工作小团队，到目前为止，这个工作团队只有10个人左右。我们并不是一开始就用10个人，我们必须要缓慢地增加团队人数，过程中由老师傅带下一级师傅，老同仁带新同仁，用无缝接轨的方式逐渐扩大自己的团队。假如我们一口气从外面录取了很多工作人员进来是做不了事情的，而且老师一下就被绊住，动弹不得，出门之后回来看到的一定是一场灾难，后续收拾就很困扰。

　　虽然染色是可以不断去修订、去改色，但是有些颜色染到很深以后，你怎么改就只有往黑色的方向改了，那也不是办法，所以就像刚刚吉冈老师所说的，染色的所有过程必须要做很多的记录，要不然经验就不易叠加。我们常常看到染者都很随性，一件小作品染完就赶快拍照、上传、分享。染者很需要有一个更长远的目标，他必须把每一个颜色染好，然后才能够商品化，如果太快速地商品化，后面很容易面临为客户解决退货的问题，那会痛苦不堪。我看到很多学员都很努力地在做，但有时候太过急切上市就会造成整个水平降低。

　　面对环境空间布置，我们会有一些新的想法（图42、图43），在不同的空间应不同的需求，在不同的季节，我们能不能为环境空间创造工艺的价值？如何让空间呈现美感？如何去呈现一些有价值的可论述性题目？

　　2018年年中我们有机会带着宜兰的学生到法国做了一场有意义的展览

（图42、图43），除了展示作品之外，还做了一个跟民众互动的workshop。这个过程中我们深刻体会到：欧洲有很多先进国家的天然染色工艺目前未及亚洲普遍，原因是工业革命从他们开始，这些产业革命的龙头国家的天然染色技艺断绝地更彻底，而亚洲过去工业发展的速度稍慢一点，但却保留了比较多的天然染色文化资产。

这些大部分是我们学生的作品（图44~图50），我们设了一个环保的专题，他们都是以蜡染创作，这种多层次的蜡染是比较困难的工作，以往民间蜡染多以蓝底白线为主，但是我觉得如果要当艺术创作方向发展的话，多层次蜡染会是重要的基本功。

2018年台中市举办了花卉博览会，有个博物馆找我们做花卉装置，我们以各种朱槿花花型作组件拼装，作品高7米多，是一个比较有挑战性的大型吊挂作品，它日夜呈现出来的效果不太一样，这是装了LED以后产生的效果（图51~图53）。

台中纤维工艺博物馆是一个以纤维染织为主题的专业博物馆，从开馆后即陆续展开相关的展览（图54），目前已有4个展厅展出作品，其中有亚太的染织展在展出。

图42	图43
图44	图45

图42 比漾广场秋季展"璀璨星空"（2017年）

图43 比漾广场秋季展"秋色风华"（2017年）

图44 赴法参展作品一

图45 赴法参展作品二

图 54　台中纤维工艺博物馆展览

三、天染系列产品研发

天染工坊在产品开发方面时间不算很长，大概只有17年。发展天然染色是我们长久的心愿。我们的社会有很多的手工技艺，但在市面上却不能被看到、被用到，这是一种遗憾。在工艺文化上我有个二元的发展论述：一个叫文化标本，文化必须要有原生文本，最好能原汁原味地复制跟保存，这样传统技艺才不会流失；另一个叫文化橱窗，工艺品要活在生活里，并让民众可以买来享用。如果我们只做文化橱窗，我们可能没办法感动很多的民众，如果我们只做文化标本，那工艺常常脱离时代需求而成为供品。

像这种成组成套的设计，事实上很考验我们的色彩配方及配色的能力。我们要思考的不是单一颜色的呈现，而是系列产品的设计与制作。我曾经用台湾四种特色鸟类，从它们的身上去找色彩，然后改变造型设计，将它抽象地转化应用，这样的设计很容易跟大地衔接，跟自己的传统文化与物产资源对话，同时也可以呈现具有当代性的新设计面貌（图55～图58）。

我从事天然染色，同时也兼做色彩教学，我在台湾从事色彩教学30多年，这是我的幸运，因为每天都可以在成千上万的色彩之中找到许多新的可能。我认为色彩学习一定要还原到基本的课题，那就是色彩美学的开发应用，假如我们没有办法让色彩美学累积，人们的色感越来越细腻、越来越丰富的话，那人类的情感就无法细腻，我觉得色彩跟人类的情感是息息相关的。

目前大陆羊绒的产量很大，如果羊绒都用化学染料染色其实是很浪费的，因为化染颜色用得越深、越浓，它所含的化学毒性就越大。希望天然染色能运用在这种高附加价值的产品上，这种细绒毛使用天然染色，其亲和性非常良好（图59）。

织前染线叫作前染物，织后染布叫作后染物。目前多数人都在做后染，但是前染也需要重视，我觉得前染是很要紧的功课，它可以让色彩染的更牢固。

围巾曾经是我们工坊赖以生存的基本商品，我们大概有200款不同颜色与染纹的围巾（图60～图66）。在这个时代里，即使是在夏天，我们的产品也不会卖得少，因为很多上班族在冷气房里需要有条披肩或围巾调节温度，目前大家使用围巾，可能不只是个美感问题，也是个健康问题。前不久在深圳有个活动，有一个北欧的设计师主席看到我在台上秀这产品，等我演讲结束之后走下讲台，他一把抓住

图55 天染蚕丝披肩组"帘影"（2009年），台湾优良工艺品暨时尚奖

图56 天染多色段染丝绵围巾组"欢心十二品"（2011年），台湾优良工艺品暨美质奖

图57 天染丝绵直纹围巾组"彩羽颂"（2012年），台湾优良工艺品/台湾百大观光特产

图58 天染手纺手织丝绸段染围巾组"优雅四韵"（2012年），台湾优良工艺品

图59 天染羊毛段染围巾组"秋冬演色"（2014年），台湾优良工艺品暨时尚奖

图60 天染乌干丝双渐层围巾组"欢颜"（2014年），台湾优良工艺品暨时尚奖

图61 羊绒蚕丝双渐层披肩组"雅致"（2015年），台湾优良工艺品

图62 天染羊毛菱形段染围巾组"温馨"（2015年），台湾优良工艺品

图63 天染手织丝多色渐层披肩组"幽微"（2015年），台湾优良工艺品

图64 天染疏密格纹蚕丝围巾组"典雅"（2016年），台湾优良工艺品

图65 天染细纺纯棉围巾组"飞越云天"（2017年），台湾优良工艺品

图66 天染丝毛段染围巾组"大地丰饶"

图60	图62
图61	图63
图64	
图65	图66

我，说一定要我卖给他。

当我们重视色彩美学后，会从不同的国度去吸收传统色彩，像欧洲色彩就是我学习色彩的重要区域，我也关注日本，因为日本色彩非常细腻，从他们的色彩文化中吸收美感。

天然染色的色彩这么细腻，这些细腻色彩层次应被应用展现。人们常常用了太多颜色，固然多色会给人强烈、新颖的感觉，但是多用些中彩度与低彩度的搭配，配色往往更亲切、更耐看，较不会产生距离感。

我们也尝试制作不同的东西，像开发鞋子、帽子、包袋等不同的生活用品（图67）。我的名片夹就称"Nice to meet you"（图68），设计好第一次见面的媒介小物，当可赢得新朋友的友谊。

现在很多人都爱喝茶，我称这个桌旗为"曲水流香"（图69），这是从古人的文荟场景做转换的，一字之别，风情各异。另外这个作品也很有意思，它叫"秋林雅聚"（图70），是外出型的茶席巾。这种衬衫、西装也以天然染布在尝试开发应用。

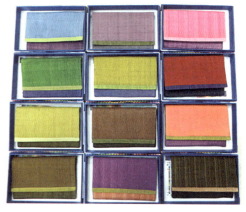

图67　天然染色鞋子

图68　天染手织丝绸双色名片夹"Nice to meet you"（2013年），台湾优良工艺品暨美质奖

图69　蓝染茶席桌旗组"曲水流香"（2011年），台湾优良工艺品

图70　柿染外出型茶席组"秋林雅聚"（2011年），台湾优良工艺品

台中纤维工艺博物馆需要设立个文创商店，目前委由天染工坊来经营，一方面可以让我们有个好的对外展示空间，同时让喜爱天然染织的朋友能够有个文创购物的平台，这画面是我们场馆的局部设计（图71、图72）。

图71　纤维工艺博物馆：天染形象馆一（2018年）

图72　纤维工艺博物馆：天染形象馆二（2018年）

图71

图72

四、染色艺术创作

图73是用糊做的防染，是蓝印花布的延伸转换成壁挂的创作，我问过一个版画老师，他跟我说这也可以是一种版画，因为它具有复制性。

　　图74这件《玉山清晓》是台北故宫博物院南院的贵宾室主墙面画作，南院在嘉义太保，离阿里山和玉山很近。

　　很多人都知道台湾有个日月潭，我的故乡离日月潭很近，我做了一系列日月潭的山水画。我在邻近水里乡的浊水溪岸长大，所以我做浊水溪也是理所当然（图75）。

　　我为宜兰一家五星级酒店做了一系列的作品，这组作品都是宜兰风光，工艺的制作难度较高（图76、图77）。也曾经跟舞团、剧场合作过作品，还与服装设计师合作到加拿大、法国、美国去做展览（图78）。

	图73	
图74	图75	
图76	图77	

图73　蜡染作品《土石流三部曲：风韵·审流·疗伤》，陈景林

图74　扎染作品《玉山清晓》，陈景林

图75　扎染作品《浊水流长》，陈景林

图76　扎染作品《和平溪谷》，陈景林

图77　扎染蜡染作品《南澳风光》，陈景林

　　这是每天会变换的吊挂，是我们工坊的晒场，每天到了下午三四点以后就有染布陆续完成，形成一个很美的动态景观（图79、图80）。

图 78

图 79

图 80

图78　天然染服饰创新研发（2014年），陈景林染色、徐秋宜设计制作

图79　工坊晒场一

图80　工坊晒场二

图 81　染色作品《溪山行旅图》局部，陈景林

图 82　与服装设计师周裕颖合作品牌服饰一（2018 年）

图 83　与服装设计师周裕颖合作品牌服饰二（2018 年）

| 图 81 | 图 82 | 图 83 |

我们使用的颜色都是从大地获得的染料，因为做过多年的基本设计锻炼基本功，这些功课做完后让我们开始拥有一些尝试过的经验，如果我们能够做出更多的面料及服装，天染色彩美学就可以展现在我们的身上。在不同的阶段我们尝试很多的布料染色开发，服装产品则是合作设计师设计与加工后的产出。

去年曾经用蜡染挑战过这件作品，它的原作是北宋范宽的《溪山行旅图》，原作是台北故宫博物院的镇馆之宝。我很自不量力地把这个镇馆之宝转换成蜡染，做成了六张蜡染片，然后再由设计师组合成一件独特的作品，这个合作的设计师去年受到巴黎时装周及纽约时尚周的邀请前往走秀展示，我们看到右边这件就是其中的一块蜡染片（图 81～图 83）。

结语

以上是我本次的分享，有机会在这里做个比较完整的分享，非常感谢。天然染色其实就是还原大地本来的色彩，传统的工艺如果没有整合创新、没有现代生活应用，便只能停留在对过去的追忆及传统样式的复原中。想要在染织技艺上创新，需要基础知识的建立和长期工作的积累，持续培养专业人才，让教育引领工艺走向未来，将是手工艺传承的另一种有效途径。扩大普通人的认知和参与，这是让传统工艺焕发活力的必经之路。

王进玉 / Wang Jinyu

敦煌研究院保护所研究员。40年来参加、承担科技部、文化部、教育部、中国科学院、国家文物局、甘肃省科技厅等部门立项关于敦煌石窟文物保护、科技史等方面的课题、项目近50项，多项获省部级奖。主要著作有《漫步敦煌艺术科技画廊》《敦煌石窟全集·科学技术画卷》《中国少数民族科学技术史·化学与化工卷》等。

古代丝绸之路上的有机天然颜料：
以敦煌石窟彩绘艺术品为中心

王进玉

引言

敦煌石窟彩绘艺术品主要包括壁画、彩塑、莫高窟藏经洞保存的绢画。对敦煌石窟艺术彩绘颜料的来源、化学成分、应用及其生产技术的综合研究，是敦煌学、科技史、文物、考古界及其他方面的专家学者关注的课题，早已引起国内外专家学者的重视，更是笔者30多年来文物保护科研工作中长期进行的重要课题。

一、敦煌石窟艺术品采用的彩绘颜料

我有幸成为改革开放后进入敦煌文物研究所从事壁画保护工作的第一个兰州大学化学系毕业的学生，也是本所自1943年创建以来第一个学理工科的学生。20世纪80年代初甘肃省科委下达了由化工部涂料工业研究所和敦煌文物研究所共同承担的敦煌四项文物保护科研项目，其中就有"敦煌莫高窟壁画、泥塑用彩色颜料的剖析研究"和"中国古代颜料史"这两个专门研究颜料的重点课题。由此开创了文物与科研部门合作，采用现代仪器对古代颜料进行分析研究的新局面。

我们通过对莫高窟492个洞窟的调查，从北凉、北魏、西魏、北周、隋、唐（初、盛、中、晚）、五代、北宋、西夏、元等历代代表洞窟中选出44个洞窟作为壁画取样洞窟，清代颜料是从清代彩塑上采取的。1979～1981年，化工部涂料工业研究所颜料分析专题组采用X射线衍射和X射线荧光分析法，对从莫高窟11个朝代44个洞窟中采取的红、蓝、绿、白、黄、黑及棕色变色等293个颜料样品进行了系统的分析和研究，分别得出了各种矿物颜料结构的化学组成。这是截至目前对敦煌壁画、彩塑颜料所做的较系统的分析研究。随后，我们又对西千佛洞北魏、北周、隋、唐、北宋5个朝代6个洞窟的36个颜料样品做了分析，为"中国古代颜料发展史的研究"课题积累了资料。此后，特别是近30年来，敦煌研究院同国内外科研机构合作，在壁画保护的一系列研究课题中都涉及对古代颜料的综合分析研究，不断取得了新的研究成果。

根据国内外对敦煌石窟艺术所用颜料的分析可知，其大体可分为无机颜料、有机颜料和非颜料物质三种类型，共30多个品种。在所采用的30多种颜料中，个别颜料在绘画中是很早使用的，例如，青金石、密陀僧、绛矾、云母粉、金粉、银粉、铜绿、雌黄、雄黄、石膏等颜料的使用等，这些反映出我国古代在化学工艺方面长期居于世界领先地位的巨大成就。

根据史料所载以及现代科学的实际勘探考察得知，敦煌石窟艺术所用的10多种主要的矿物质颜料，如石绿、石青、雄黄、雌黄、白垩、石膏、云母粉等是敦煌一带的矿产经过比较复杂的物理加工制作而成的，绛矾是由绿矾焙烧制得的，朱砂、铅丹、铅粉、密陀僧、金箔等是从中原内地运来的成品或半成品，铜绿等个别的则是从新疆等地运来的，青金石是从古代的阿富汗远道运来的，叶蛇纹石等非颜料的矿物质，都是古代富有经验的民间画工因地制宜挑选来做颜料代用品的。

笔者曾将20多种主要颜料以类别、学名、俗名、英文名、化学式综合为一览表（表1）。

表1　敦煌石窟艺术彩绘颜料表（无机）

类别	学名	俗名	英文	化学式
红色 Red	朱砂	辰砂、硫化汞	Vermilion or cinnabar	HgS
	铅丹	红丹	Minimum or red lead	Pb_3O_4
	红土	赭石	Red clay (including ochre)	Fe_2O_3
	绛矾	矾红	Crimson vitriol or red vitriol	$\alpha-Fe_2O_3$
	雄黄	—	Reagan	AsS
黄色 Yellow	雌黄	石黄	Orpiment	As_2S_3
	密陀僧	黄丹	Litharge or yellow lead	PbO
	金粉	—	Gold power	Au
	金箔	—	Gold foil	Au
绿色 Green	石绿	孔雀石	Malachite or green mineral	$CuCO_3 \cdot Cu(OH)_2$
	氯铜矿	碱式氯化铜	Chlorine copper or alkali copper chloride	$Cu_2(OH)_3Cl$
	叶蛇纹石	蛇纹石	Antigorite	$Mg_3[Si_2O_5(OH)_4]$
蓝色 Blue	石青	蓝铜矿	Azurite	$2CuCO_3 \cdot Cu(OH)_2$
	青金石	天然群青、佛青	Lapis lazuli or natural ultramarine or Buddha blue	$(Na \cdot Ca)7-8(Al \cdot Si)_{12}(O \cdot S)_{24}[SO_4 \cdot Cl(OH)_2]$
	群青	人工群青	Ultramarine or artificial ultramarine blue	$Na_{6\sim88}Al_{5\sim63}Si_{6\sim35}O_{24}S_2 \cdot_4$

续表

类别	学名	俗名	英文	化学式
白色 White	铅白	铅粉	Lead vitriol or lead powder	$2PbCO_3 \cdot Pb(OH)_2$
	高岭土	白土、瓷土	Kaolin or white clay or china clay	$Al_2Si_2O_5(OH)_4$
	白垩	方解石	Chalk or calcite	$CaCO_3$
	云母	—	Mica	$KAl_2Si_3Al_{10}(OH)_2$
	滑石	画粉、腻粉	Talcum or painting powder or greasy powder	$Mg_3Si_4O_{10}(OH)_2$
	石膏	—	Gypsum	$CaSO_4 \cdot 2H_2O$
	石英	—	Quartz	SiO_2
	氧化锌	锌白	Zinc oxide	ZnO
黑色 Black	墨	炭黑	Chinese ink or carbon black	C
褐色 Brownish black	二氧化铅	棕铅	Brownish lead or lead dioxide	PbO_2

历代壁画中应用的大量艳丽的颜料反映了在对矿物、植物的综合运用的基础上，我国古代颜料化学及其冶炼技术的高度发展。通过对颜料的科学分析了解了颜料的化学、物理性能，对于了解一些古代天然颜料的褪色、变色、产生病害及胶质老化，预防颜料变色、保护文物等方面提供了科学依据。而丰富多彩的敦煌壁画为我们的研究提供了历代彩绘艺术颜料的样品，对古代颜料化学成分、应用及其生产技术的综合研究、对文物的保护和研究至关重要。

30多年来，笔者调查研究了甘肃河西走廊特别是敦煌一带的自然矿产资源分布情况，查阅了史书中所载甘肃、新疆等地有关颜料的资料。在敦煌藏经洞唐、五代时期的社会经济文书中，也有相当一部分商品交易的文书，其中就有纸墨及几种颜料的买卖记载，如胡粉、密陀僧、黄丹、石绿、铜绿、金精、空青等。在敦煌寺院籍账类文书中记载有几种颜料，用于绘画的颜料大都是寺院从画师手中购买来的，绘画的高级工匠、画师和都料既是画匠又是从事绘画颜料生意的商人。通过对颜料来源的研究，揭示了古代中西文化、贸易、科技交流方面的许多秘密。

二、敦煌石窟艺术中发现的有机天然颜料

根据国内外学者对敦煌石窟壁画、彩塑和莫高窟藏经洞保存的绢、纸等彩绘艺术品所用颜料的分析可知，除了品种繁多的无机矿物颜料之外，还有几种有机颜料（表2）。

表2 敦煌石窟艺术彩绘颜料表（有机）

类别	学名	俗名	英文	化学式
红色 Red	红花	红花胭脂	Carthamus tinctorius L	$C_{43}H_{44}O_{24}$，有10多种成分的结构式
紫色 Purple	紫铆	紫矿	Butea gum	—
黄色 Yellow	藤黄	—	Garcinia hanburyi	—
蓝色 Blue	靛蓝	—	Indigo	$C_{16}H_{10}O_2N_2 = 262.10$
黑色 Black	墨	炭黑	Chinese ink or carbon black	C

（一）敦煌莫高窟壁画

1. 藤黄

唐代以来，藤黄颜料已在我国绘画上广泛应用，敦煌唐代壁画也不例外，不少洞窟中都能看到黄色。由于属于有机植物颜料，容易变色和褪色，在许多洞窟中已看不到明显的黄色。但在一些颜料样品分析中发现有有机黄颜料。经对中唐186窟、晚唐337窟进行分析，其谱图与藤黄的谱图相似（图1），中唐194窟颜料分析中也有有机植物颜料。

藤黄（Garcinia hanburyi）是藤黄科植物藤黄树（Garcinia hanburyi Hook f.）的干燥树脂。根据最新研究结果，通过各种色谱方法分离纯化，从藤黄中分离出15个化合物，根据对其理化性质和光谱方法鉴定其结构，其主要成分有 α–藤黄素（α–Guttiferin），分子式为：$C_{27}H_{32}O_6 = 452.55$。另外还有 γ–藤黄素，分子式为：$C_{23}H_{28}O_5$；藤黄酸（Gambogic acid），分子式为$C_{38}H_{44}O_8 = 628.7512$。

图1 敦煌莫高窟第186窟壁画中的有机黄色颜料

2. 紫铆

"紫铆"又名紫矿，还有紫梗、紫草茸、虫胶等名。唐代以来，它不仅是重要的药材，还是制造化妆品、染料、颜料、涂料、丹药等产品的主要原料。特别是制造紫铆化妆品、颜料的传统工艺一直流传到现在。

唐代张彦远在《历代名画记》中记载了全国有名的绘画颜料等材料，其中就有"夫工欲善其事，必先利其器""林邑昆仑之黄，南海之蚁铆"。这里的"蚁铆"显然是紫铆，唐时已作为绘画之红色颜料。

唐王焘《外台秘要》卷三十二所引《崔氏造燕脂法》是用紫矿，该书还介绍了具体制法："造燕脂法一首，崔氏造燕脂法：準紫铆（一斤别捣）、白皮（八钱别捣碎）、胡桐泪（半两）、波斯白石蜜（两碟）右四味於铜铁铛器中著水八升，急火煮，水令鱼眼沸，内紫铆又沸，内白皮讫搅令调又沸，内胡桐泪及石蜜捴经十余沸，紫铆并沉向下即熟，以生绢滤之，渐渐浸叠絮上，好净绵亦得，其番饼小大随情，每浸讫以竹夹如乾脯獵於炭火上炙之燥，复更浸，浸经六七遍即成，若得十遍以上，益浓美好。"这恐怕是中国文献记载的最早的用紫铆为原料的胭脂制法。

通过用液相色谱质量光谱术和薄层光谱术分析、有机颜料的反射频谱和耐晒度予以微褪色试验术来对敦煌壁画进行研究，在用薄层色谱（TLC）和偏光显微镜（PLM）对莫高窟晚唐第85窟藻井的暗红色颜料试样进行分析时发现该试样中含有紫铆（图2），这是莫高窟壁画中确切证实的有机颜料之一。

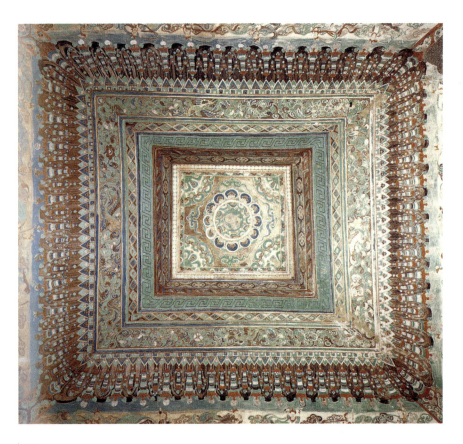

图2　敦煌莫高窟第85窟藻井中的有机红色颜料

3. 靛蓝

靛蓝植物包括蓼蓝、菘蓝、马蓝、木蓝等植物，生长在热带和亚热带地区。通常这些能制造靛蓝的植物统称为蓝或蓝草，世界各地都曾广泛用过蓝草作为蓝色染料。中国使用靛蓝的历史很长，据古文献记载，相传在夏代我国就开始种植蓝草，并掌握了它的生长习性。在古代，植物靛蓝是应用最广泛和最重要的染料，可以染制丝、毛、棉、麻等纤维制品，在传统染织文化中占有重要地位。

靛蓝不仅作为染料被古人使用，也被当作颜料用于彩绘壁画，使用范围非常广泛。例如，1923年冬天，美国福格艺术博物馆的兰登·华尔纳在莫高窟用特制胶布粘窃敦煌莫高窟的唐代精美的壁画，同时华尔纳还盗走了莫高窟第328窟佛龛南侧初唐合掌跪姿供养菩萨彩塑一尊。华尔纳把壁画、彩塑偷运到美国后，就由福格博物馆的罗瑟福·盖特斯博士对其壁画、彩塑颜料做了分析，并于1935年写出了《中国颜料的初步研究》报告。罗瑟福·盖特斯在第328窟初唐供养菩萨彩塑所用颜料中就分析出了靛蓝颜料。敦煌研究院也在莫高窟北凉第275窟蓝色颜料中分析出了靛蓝。

（二）敦煌莫高窟藏经洞绢画

1. 流失国外的藏经洞绢画

清光绪二十六年（1900年）发现了藏经洞（图3），出土了4～14世纪的文书、刺绣、绢画、纸画等文物6万余件，世称"敦煌遗书"。敦煌遗书被誉为"学术的

图3　敦煌莫高窟第17窟藏经洞洞口

海洋"。其中的文书大部分是汉文写本，少量为刻印本。汉文写本中佛教经典占90%以上，还有传统的经史子集，具有珍贵史料价值的"官私文书"等。除汉文外，还有古藏文、梵文、回鹘文、于阗文、龟兹文等多种少数民族文字。敦煌文书是研究中国与中亚历史、地理、宗教、经济、政治、民族、文学、艺术、科技等的重要资料。莫高窟藏经洞发现后历经劫难，大批敦煌文物包括石窟中的一些壁画和彩塑，先后被英、法、日、俄、美等国的探险者劫运国外，流散于世界上许多国家的图书馆与博物馆。20世纪初以来，以藏经洞出土文书与敦煌石窟艺术为主要研究对象的"敦煌学"在全世界兴起，已成为当今国际上的一门显学。

绢画是敦煌遗画的组成部分，而敦煌遗画指的是在莫高窟藏经洞出土的在绢布、麻布、纸等可移动的载体上绘制或印制成的绢画、纸画和幡画。现已知绢画1000多件，始于初唐，终于宋代，最早纪年题记为开元十七年，最晚为宋雍熙二年，延续了250多年。多数为晚唐、五代瓜沙曹氏都勾当画院画师、画工的作品，大都被盗运国外，分藏在几个大博物馆、图书馆里，成为他们的珍藏。

英国的斯坦因从藏经洞偷盗的文物中，有相当多的丝绸等纺织品。据斯坦因自己在《塞林迪亚》（*Sermdia*）第二卷第845页所说，他所劫取的敦煌绢画、敦煌麻布画、敦煌纸本画共计536件。这三类的比例为绢本画约有335幅，麻布画94幅，纸本画107幅。

斯坦因是1907年3月第二次进行中亚考察时来到敦煌，而这次的考察经费是由英国和当时的英属印度提供的。所以，斯坦因要将这批收集品分作两部分并分藏两地，这些情况可以根据保存在大英博物馆的档案信件加以确认。1916年，这些原属于中国的绘画品被瓜分：具有中国风格的归大英博物馆所有，而具有印度风格的藏在英属印度政府。斯坦因获得的绘画品共计536件，其中1～282号现收藏在英国伦敦大英博物馆，254件（283～536号）分给印度。印度收藏的敦煌藏经洞绘画品，1958年以前收藏在中亚古物博物馆，现藏于印度新德里国立博物馆。根据最新调查证明：这些绘画品至今大都还存放在库房内。

现存法国的敦煌丝绸等纺织品的数量仅次于英国。据目录统计，伯希和劫取的这类美术作品共216件。这三类的比例是：敦煌绢画63%（约136件），敦煌麻布画22%（约48件）（图4），敦煌纸本画15%（约32件），也就是说，纺织品画85%（约184件）。

国立爱米塔什博物馆是俄罗斯最大的一座国家美术、文化、历史博物馆。博物馆所藏敦煌文物收藏品包括雕塑、壁画、绢画、纸画和麻布画以及丝织品残片等。其中绢画96件，粗麻布画66件，幡1件，纸画33件，格纸残2块，纸花2件。

美国也有敦煌藏经洞的绢画，一幅彩墨挂轴水月观音绢画现藏华盛顿史密森学会弗利尔美术馆内，另一幅绢绘十二头观音现藏哈佛大学艺术博物馆，菩萨立在莲

图4 绢画"降魔变"，法国吉美博物馆藏

花座上，十二头六臂，下方四分之一处以线相隔，下部为供养人像和供养人题记，时代为北宋初年。

2. 法国收藏绢画中所用的有机颜料

关于绢画所用颜料的研究鉴定，国外曾有分析研究，如法国国立美术馆科学研究所曾对法国吉美博物馆藏品EO.1154号敦煌藏经洞所出盛唐绢画《佛传图》所用颜料进行过鉴定，并得出以下结论：该画的颜料除常见的朱砂、铅丹外，青色不是群青而是青金石；绿色不是石绿而是氯铜矿，鲜艳的黄色为白色颜料上覆盖有机物藤黄，紫褐色依然是有机质胭脂（红花）。

其中，在 EO.1399 号持红莲花菩萨立像幡绢画、EO.1190 号兜跋昆沙门天王立像幡绢画、EO.1189 号持金刚菩萨立像幡绢画、EO.1154 号"佛传图"绢画、EO.3580 号被帽地藏菩萨、十王图净土图（麻布画）、EO.1210 号"普贤菩萨骑象像幡"绢画、EO.1141 号"携虎行脚僧像绢画"几件艺术品中分析出赤紫色有机颜料。而在 EO.1399 号持红莲花菩萨立像幡绢画、EO.1154 号"佛传图"绢画、EO.3580 号被帽地藏菩萨十王图净土图（麻布画）（图5）几件艺术品中分析出黄色有机色料。

图5 被帽地藏菩萨十王图净土图

3. 红花

红花，古代中国曾称其为蓝花、红蓝、红蓝花、黄蓝等，近世又有草红花、怀红花、刺红花、红花草等别名，学名Carthamus tinctorius L.，为菊科红花属植物，一年生草本。

在敦煌社会经济文书中，有一些文书有敦煌种植"红蓝"和应用"红花""胭脂"的记载。俄东方学所馆藏 Дx.2168孟2899《庚子年（941年）敦煌县种蓝历》，其他还有孟2899（Дx.2168）、P.2567V02、S.6064、S.4782、P.6002、P.2706、P.2862、P.3541V02.（2）、P.2583、P.2763、P.2654、P.3436等12件记载敦煌应用"红蓝""红花"的文献。

P.2567V0在数量的记载中，"红蓝"是以重量记载的，而"红花"是以容量记载的，结果不一样。充分说明遗书中记载的"红蓝""红花""胭脂"分别代表三种不同的产品。

P.2552+P.2567V02《癸酉年（793）沙州莲台寺诸家散施历状》，其中第5行中记载："……红蓝柒硕叁斗，已前斛斗都计捌拾硕肆斗伍胜。"第7行全文为："纸八十二帖半，红花一百二十一斤，银镮子四，银一两三钱，十量金花银。"

红花用于化妆品的主要例子就是制作胭脂，贾思勰在《齐民要术》中就有详细记载，主要是通过碱浴、中和、成膏三个步骤。胭脂除了身份高贵的妇女作为化妆品使用外，在莫高窟藏经洞所发现的绢画上也作为颜料使用，胭脂还是敦煌地方官员向朝廷官员敬献的贵重礼品。

P.2992V01《归义军节度兵马留后使检校司徒兼御史大夫曹上回鹘众宰相状》，其中就有："今遣内亲从都头贾荣实等谢贺轻信，上好燕脂、表玉壹团重捌斤……"。

位于中华大地河西走廊西端古代丝绸之路上的敦煌石窟，堪称古代颜料标本宝库。在这座艺术宝库中保存着古代千余年间十个朝代的大量颜料样品，石窟壁画真实地反映着画面上采用的各种颜料历经千百年自然演变的状况，每种颜料的耐光性、耐磨性、耐久性等物化性能在这座特殊的天然实验室中得到了长期的检验。

结语

随着科学技术的进步，适合进行古代天然颜料研究的科学仪器和分析方法越来越多，今后还会揭示出古代天然颜料的一些秘密。

刘 剑 / Liu Jian

中国丝绸博物馆副研究馆员、技术部副主任。2004年进入中国丝绸博物馆工作，2011年浙江理工大学硕士研究生毕业，2012年美国波士顿大学化学系访问学者，2019年浙江工业大学应用化学系博士研究生在读。从事纺织品染料科学鉴别和分析工作15年，特别关注丝绸之路沿线出土文物的染料考古。同时，也关注传统染色工艺和历代纺织色彩复原。近年来，多次受邀在国内外发表关于中国古代染料研究的相关报告，并发表论文十余篇。

敦煌纺织品的染料鉴别：
来自敦煌研究院和大英博物馆的收藏

刘 剑

引言

　　大家提到敦煌，第一个肯定想到的是壁画，如果对敦煌学有一定的了解，可能还会熟悉敦煌藏经洞里的文书、绘画。其实在敦煌文物中还有一批精美的丝绸值得大家去研究。可惜的是在20世纪初，西方列强以及日本，通过各种手段从我们的敦煌藏经洞里偷运了一部分精美的丝绸，目前保存在英国的大英博物馆和国家图书馆、法国的巴黎、俄罗斯的圣彼得堡、印度的德里、日本的京都、韩国的首尔。只有很少的一部分保存在中国旅顺博物馆。幸运的是，中国丝绸博物馆馆长、东华大学教授赵丰博士，带领他的团队在中国政府以及各国博物馆的支持下，完成了《敦煌丝绸艺术全集》，其中有《英藏卷》《法藏卷》和《俄藏卷》（图1）。在这几部著作中，他们对藏经洞的丝绸进行了纹样、组织结构、用途等多方面的系统研究。但是关于精美丝绸的漂亮颜色是用什么染料染的，并没有作进一步的研究。

图1 《敦煌丝绸艺术全集》，东华大学出版社

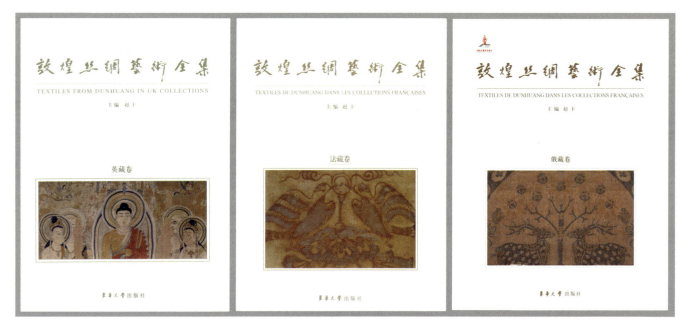

图2		
图3	图4
图5	图6

一、敦煌研究院收藏纺织品的染料鉴别分析

2013年，敦煌研究院和中国丝绸博物馆开展了"莫高窟出土纺织品的保护与研究"的项目（图2、图3）。在这个项目中研究人员不仅对敦煌莫高窟出土的文物（主要是纺织品）进行了修复和保护，并且还做了一个展览。图4为赵丰馆长给常沙娜先生、樊锦诗先生讲解此次项目的研究与成果。在那时我有幸参与到莫高窟出土纺织品染料鉴别的研究。敦煌莫高窟的南区、北区出土的纺织品主要是由敦煌研究院的考古学家在1965年和1988～1995年这两个时间段挖掘出来的（图5、图6）。我从这批文物中选择了25件进行了染料的分析，其中一部分来自K130洞窟，还有一部分来自北区石窟。

（一）高效液相色谱质谱联用技术和数据关联采集技术

中国丝绸博物馆在染料方面之所以能做得有特色，主要是依靠比较先进的仪器设备。检测分析所用的主要技术为高效液相色谱质谱联用技术（HPLC-PDA-MS）和数据关联采集技术（DDA）。通过仪器设备能得到染料的分子结构信息，从而对染料的动植物来源进行比较准确的鉴别（图7）。

下面通过几个案例，来介绍敦煌莫高窟出土的纺织品中的典型染料：

第一个案例——锦彩百衲（6世纪，北朝）（图8）。

拿到这件文物的时候，其破烂不堪不见原貌，但是通过仔细观察、保护和修复，我们可以看到在这件百衲上至少有三种织物：圆点绞缬绢、花鸟纹锦、龟背纹绮。在这件织物中，我们鉴别到的染料有：红花、黄檗、黄荆、靛青、单宁和未知红色染料。

HPLC-PDA-MS
高效液相色谱质谱联用技术

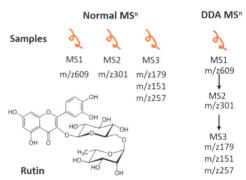

图7

图8

图7 仪器与方法

图8 案例一：锦彩百衲（6世纪，北朝），NO.B222：10

图9～图12向大家展示了染料鉴别的具体过程。首先，可以看到在图9中显示的是棕色的纱线检测出来有鞣花酸和小檗碱。鞣花酸是单宁类植物染色的结果，小檗碱是黄檗主要色素成分，表明这里的棕色纱线是由单宁类植物和黄檗套染而成。图10是绿色纱线的分析结果，绿色一般是靛青染料和黄色染料套染的结果。另外，在图11中可以看到还有一种红色染料，至今还未分析出其具体的染料品种。图12是桔红色的分析结果，检测出小檗碱说明有黄檗存在。另外还发现了一个色谱峰（m/z698）（图13），这个色谱峰到底表明什么意思呢？当时用85℃，萃取30分钟的时候，色谱峰达到698m/z。后来用25℃萃取这个染料，色素就比较明显，可推定为红花色素，说明桔红色部分是红花和黄檗套染的结果。

锦彩百衲织物的绿色纱线上，有靛青染料，但是又有很多色谱峰无法解读，后

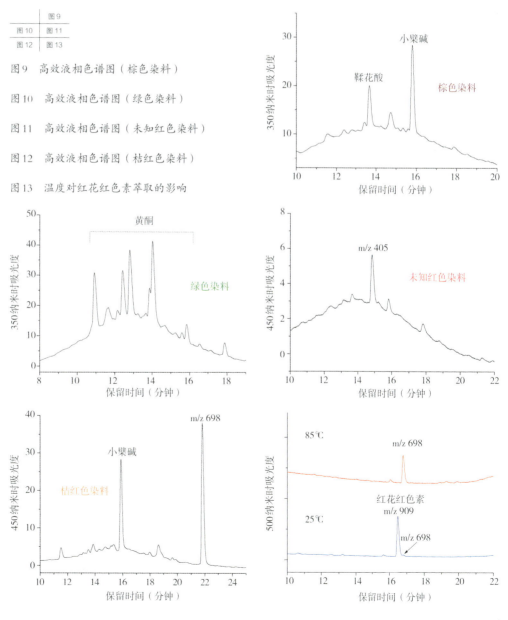

	图9
图10	图11
图12	图13

图9　高效液相色谱图（棕色染料）

图10　高效液相色谱图（绿色染料）

图11　高效液相色谱图（未知红色染料）

图12　高效液相色谱图（桔红色染料）

图13　温度对红花红色素萃取的影响

来参考中国科学院自然科学史研究所赵翰生老师的《大元毡罽工物记》一文，介绍元代做毡使用的布料和染料，其中就有提到过一个植物名叫黄荆，通过黄荆染色实验并检测比对，发现它的主要成分是异荭草素。除此之外，还发现了7个化合物，能够对应上，虽然它们的含量不一样，不过一个是北朝所染，一个是今天染色，存在一定的差异属正常范围，所以我认为这件文物，绿色纱线中的黄色染料就是用黄荆染出来的。

第二个案例——染缬绢幡（唐代）（图14）。

在这件绢幡上发现有西茜草、黄荆、靛青、黄檗和苏木。图15中的红色纱线，在高效液相色谱图上的主要色素是茜素和茜紫素，这是由一种常见的染料西茜草染色。图16中的黄色成分是来自黄檗的小檗碱。图17中的绿色也是由黄荆和靛青染料染出来的。图18中的桔色不仅有小檗碱黄檗，另外还发现了一个化合物Type C，它是苏木降解以后的产物，所以说这个桔色就是黄檗和苏木套染的结果。

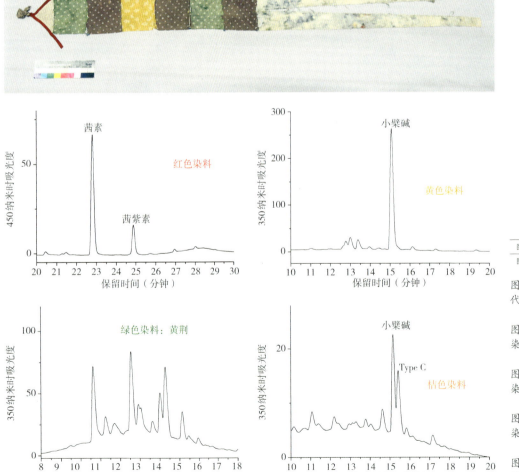

图14

图15	图16
图17	图18

图14 案例二：染缬绢幡（唐代），Z0001

图15 高效液相色谱图（红色染料）

图16 高效液相色谱图（黄色染料）

图17 高效液相色谱图（绿色染料）

图18 高效液相色谱图（桔色染料）

第三个案例——彩色绮幡（唐代）（图19）。

这件文物在幡头上的颜色与案例二的有点相似，但通过鉴别，这个红颜色的主要色素是茜紫素和甲基异茜草素。鉴别的结果发现，它不是西茜草而是印度茜草（图20）。图21中有个明显的色谱峰叫芦丁，是来源于槐树上的花蕾（槐米）。

第四个案例——山形纹绮幡（唐代）（图22）。

这件文物比较特别，没有幡头和幡尾，鉴别出有葡萄叶、苏木、黄檗、靛青和紫草。在红色染料的谱图中发现有Type C，还发现了氧化巴西红木素，通过这个可知这件文物中的红色是由苏木染色的。绿色是小檗碱和靛青套染的。橘红色检测出的成分是黄酮醇糖苷，但无法推断其来源于什么植物或者动物。黄色则来源于小檗碱。

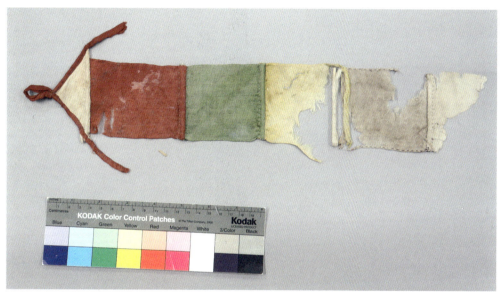

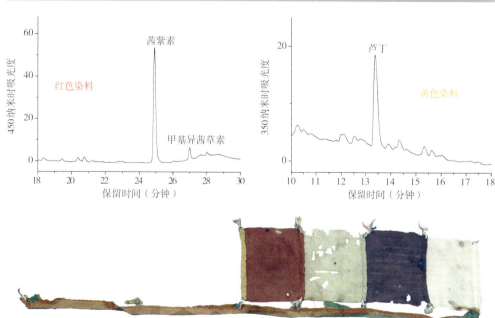

橘红色中检测出的黄酮醇的染料到底是什么？这个问题一直困扰着我。后来在2013年的时候，读到了一篇关于表征黄酮醇染料的文章，是由美国波士顿大学化学系的Richard Laursen课题组撰写。其中提到，在中亚曾经有人用葡萄叶染色。联想到敦煌，吐鲁番的葡萄十分闻名（图23），于是打电话给敦煌研究院的朋友，让她寄了一些本地的葡萄叶给我，我们染色后检测发现它的成分能较好地与出土的文物的检测结果相对应，所以我认为这件橘红色的样品应该是葡萄叶和苏木套染而成。到现在我们可以发现这个敦煌纺织品的橘红色至少有三种套染方法可以获得。

第五个案例——染缬绢幡（唐代）（图24）。

桔色部分可鉴别出苏木（Type C），还可以看到另外两个化合物硫黄菊素和漆黄素，是黄栌的主要色素成分。可推断黄栌和苏木套染也可以呈现桔色。

图23 敦煌葡萄叶

图24 案例五：染缬绢幡（唐代），Z0027

图23
图24

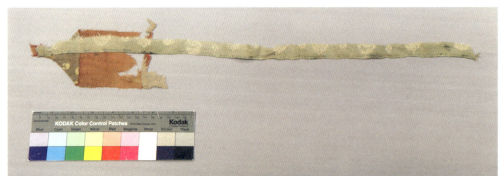

（二）光纤反射光谱法

高效液相色谱法，需要取少量的样品进行试验。还有另一种方法叫作光纤反射光谱法，这种方法虽为无损检测但有很大的局限性。图25中，虽然都是茜草，一个是印度茜草，一个是西茜草，呈现出来的曲线是不一样的。光纤反射光谱法还经常用于鉴别紫草，因为在用高效液相色谱法的时候会受到溶剂的影响，所以用光纤反射光谱法就能很好地解决这个问题。图25左下图，就是文物中的紫草和现在的紫草鉴别出来的不同曲线，但都是在550～595纳米处有相同的起伏变化。所以可

图 25　光纤反射光谱的应用

图 26　敦煌藏经洞

图 27　英国博物馆收藏的藏经洞丝绸

| 图 25 |
| 图 26 | 图 27 |

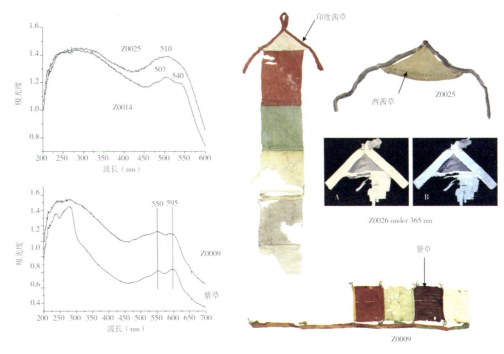

推断这件文物的紫色为紫草染色。此外还有一种更简单的方法，去检测黄檗，黄檗的主要成分是小檗碱，它在紫外光下，会显示出蓝绿色的荧光。

二、大英博物馆收藏纺织品的染料鉴别分析

2018 年 12 月本人受邀到英国博物馆参加"丝绸之路出土纺织品材料研究和修复保护"国际会议。在会议上我讲了敦煌莫高窟中的纺织品染料鉴别，同时大英博物馆技术部的 Diego Tamburini 博士介绍了英藏敦煌纺织品的染料鉴别（图 26、图 27）。

Diego Tamburini 在染料鉴别时也用到了高效液相色谱质谱联用技术，不过他的是四极杆—飞行时间质谱联用，这个仪器在故宫也有。同样他也用到了其他的光谱，例如，多光谱成像技术，还有跟我一样的光纤反射光谱。同样大英博物馆做染

料检测研究的起因也跟我很相似，英国博物馆修复保护部在2015年想对藏经洞出土的巨幅刺绣《释迦牟尼灵鹫山说法图》进行修复，根据我们学者分析这件作品应该更靠近凉州瑞像图。需要注意的是这个刺绣非常大（241×159.5厘米），其中的佛像跟真人等高。图28展现的是英国博物馆的修复师们，很多人一起完成这件作品的修复。

图29是英国博物馆所做的丝织品鉴别的一部分，虽然很多都是碎片，但是颜色保存得都很好。中国丝绸博物赵丰馆长在完成《敦煌丝绸艺术全集》的时候对这些文物做了系统的研究。这些文物从组织结构上看有各种类型——妆花绫、万字纱、缂丝、纹锦、刺绣等。为什么藏经洞会有这么多不同种类的残片呢？斯坦因认为是信徒从身上的衣服剪下来，作为还愿品呈献。

（a）黑底小图案妆花绫残片（9～10世纪）　　　（b）菱格绫地压金银花卉纹绣（9～10世纪）

（c）花卉纹缂丝带（7～8世纪）

图28
图29

图28　英国博物馆的修复工作

图29　敦煌藏经洞的丝织品

结语

　　结合敦煌莫高窟纺织品染料鉴别和大英博物馆对藏经洞丝绸的染料分析，将近有20种天然染料在当时使用。如黄色的有黄栌、槐米、黄檗、黄花飞燕草、胡杨、黄荆、木犀草、栀子、番红花、小檗、葡萄叶；红色的有西茜草、印度茜草、红花、苏木、紫胶虫；紫色有紫草；蓝色有靛青（但还不清楚是由菘蓝、木蓝还是马蓝得来的）；黑色的有单宁（来源于石榴皮、核桃皮、五倍子、橡碗子）。

　　藏经洞的丝绸是从敦煌被西方列强和日本盗取到了欧亚各个博物馆，而在北朝到元代，敦煌的染料则是从欧亚的各个地区运到敦煌的。不过像紫草、小檗碱、槐米可以认为是中国本土的染料。据说在汉武帝的时候红花已经传入中国，所以我认为敦煌时期所用的红花，已经在本土大规模种植了。还有东南亚的苏木、印度的紫胶虫、印度茜草、木蓝、马蓝、中亚的葡萄、石榴、菘蓝。比较有意思的黄花飞燕草即使到现在也依然是伊朗、阿富汗、北印度的特产，目前所了解只有在那里才有。另外还有南欧的特色染料木犀草、西茜草；匈牙利、波兰等国的黄栌。根据刚才我描述的染料分布，它印证了国学大师季羡林的一句话——"敦煌是中华文明、印度文明、伊斯兰文明还有希腊文明的汇流之地"。

　　通过敦煌纺织品的染料鉴别结果进一步印证了四大文明中心说。敦煌染料化学、物理性质的解析是纺织品色彩保护的依据。敦煌服饰的科学复原离不开染料的鉴别。